海洋信息技术丛书
Marine Information Technology

国家出版基金项目
NATIONAL PUBLICATION FOUNDATION

声电协同
通信网络

Acoustic-Radio Cooperative Communication
Network

陈芳炯 江子龙 钟雪峰 编著

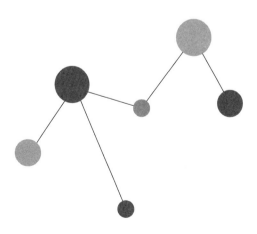

人民邮电出版社
北 京

图书在版编目（CIP）数据

声电协同通信网络 / 陈芳炯，江子龙，钟雪峰编著
. -- 北京 : 人民邮电出版社，2024.10
（海洋信息技术丛书）
ISBN 978-7-115-64213-4

Ⅰ. ①声… Ⅱ. ①陈… ②江… ③钟… Ⅲ. ①声电效
应－协同通信－通信网 Ⅳ. ①TN915.9

中国国家版本馆CIP数据核字(2024)第076422号

内 容 提 要

本书系统介绍了一种新型海洋通信网络架构——声电协同通信网络（ARCCNet），其由水声网络和水面无线电网络组成，通过浮标网关节点进行连接，在统一的网络框架下考虑组网架构和协议设计。ARCCNet 可实现与卫星、无人机（UAV）及岸基海基无线通信系统的协同组网，对构建空、天、地、海、潜一体化网络具有重要意义。本书重点关注声电链路数量级性能差别带来的网络资源协同管理问题。路由是协调水声网络、水面无线电网络资源高效利用的重要途径，本书首先介绍声电协同通信网络架构及基于 ns-3 网络仿真工具的仿真实现，在评估现有主流路由协议性能的基础上，研究了几种适用于声电协同通信网络的新型路由机制。在接入协议方面，木书重点关注多个水下节点到水面节点的随机多址接入问题，研究了具有保护间隔的时隙水声通信网络的吞吐量，并给出了相应的理论分析。

本书的读者对象主要是高校、科研院所水声工程、海洋工程等相关领域的研究人员。另外，本书也可以作为计算机科学和网络技术专业的教学参考书。

- ♦ 编　　著　陈芳炯　江子龙　钟雪峰
  责任编辑　秦萃青
  责任印制　马振武
- ♦ 人民邮电出版社出版发行　　北京市丰台区成寿寺路 11 号
  邮编　100164　　电子邮件　315@ptpress.com.cn
  网址　https://www.ptpress.com.cn
  涿州市京南印刷厂印刷
- ♦ 开本：720×960　1/16
  印张：13.75　　　　　　2024 年 10 月第 1 版
  字数：239 千字　　　　2024 年 10 月河北第 1 次印刷

定价：149.80 元

读者服务热线：**(010)53913866**　印装质量热线：**(010)81055316**
反盗版热线：**(010)81055315**
广告经营许可证：京东市监广登字 20170147 号

海洋信息技术丛书

编 辑 委 员 会

编辑委员会主任：陆 军

编辑委员会委员：

前　言

　　建设海洋强国，对于推动我国高质量发展、全面建设社会主义现代化国家、实现中华民族伟大复兴具有重大而深远的意义。在海洋强国建设的大背景下，海洋科学研究和海洋资源开发等活动受到了越来越多的关注。未来通信网络建设的方向是全域全场景，将水下通信网络接入互联网是未来网络建设的发展趋势。声电协同通信网络（Acoustic-Radio Cooperative Communication Network，ARCCNet）是一种新型的海洋通信网络架构。在 ARCCNet 中，浮标节点起到了连通水面无线电网络和水声通信网络[简称水声网络（Underwater Acoustic Network，UAN）]的作用。ARCCNet 可实现与卫星、无人机（Unmanned Aerial Vehicle，UAV），以及岸基海基无线通信系统的协同组网，对构建空、天、地、海、潜一体化网络具有重要意义。ARCCNet 中有两种性能差异极大的传输链路，网络的总体传输能力受制于水声链路的恶劣传输特性。利用水面无线电链路中相对空闲的传输资源，弥补水声链路性能的不足，有助于提升网络的整体传输性能。

　　组网协议的设计对网络性能有至关重要的作用。在 ARCCNet 中，组网协议的研究还未充分展开，本书重点关注路由及接入协议。首先，分析 ARCCNet 的网络特性，研究了适配于 ARCCNet 的路由协议。在路由协议的研究过程中发现，网络中数据包未被成功接收，常常是水声子网中其他节点的信号对期望信号的干扰导致的。为此，本书进一步研究了具有保护间隔的时隙水声通信网络的吞吐量性能，并给出了相应的理论分析。本书的主要研究内容如下。

　　第一，根据 ARCCNet 的网络特性，提出了 ARCCNet 中的路由协议设计原则。针对海洋试验成本高、难以进行大规模网络部署测试的问题，在 ns-3 网络仿真器中设计了 ARCCNet 模型。基于 ns-3 中的 ARCCNet 模型，分析了无线自组织网络中被动路由的传输特性。在多种网络拓扑下，分析对比了现有路由协议的性能。仿真结果表明，在 ARCCNet 中，被动路由有着比主动路由更好的表现。

第二，针对声电网络的特点，设计基于链路权值的路由协议，协议给予无线电链路更高的权值，设置时可以只考虑水声链路的跳数，而忽略水上无线电链路的跳数。针对节点可增加的有效覆盖区域与节点之间距离的非线性关系，重新设计了链路权值的计算方法，并进一步引入蚁群算法，基于信息素来设置链路权值。节点根据该链路权值对路由进行分类，链路权值最小的路由为最佳路由。

第三，针对现有路由协议在 ARCCNet 中传输路径选择不合理的问题，提出了一种声电机会混合（Radio-Acoustic Opportunistic Hybrid，RAOH）路由协议。在协议的邻节点发现阶段，提出了一种水下节点与水面节点之间的最优连接算法。在信息传输路径建立阶段，提出了在水声子网中使用机会路由算法、在无线电子网中使用被动路由算法的混合路由协议。在路由维护阶段，提出了一种水下节点对自身与水面网络连接状态的感知方法，该方法可根据连接状态，自适应地调整信息发送策略。仿真结果表明，相比自组织按需距离向量路由协议（Ad hoc On-demand Distance Vector，AODV）、矢量转发（Vector-Based Forwarding，VBF）和优化链路状态路由（Optimized Link State Routing，OLSR）协议，所提出的 RAOH 路由协议在投递率、吞吐量、时延、能效等特性上有着更好的表现。

第四，针对网络通信中的低可探测性（Low Detection Probability，LDP）问题，在 ARCCNet 中提出了一种定向声电低可探测性（Directional-Based Radio-Acoustic Low Detection Probability，DRA-LDP）路由协议。基于非合作目标的运动状态，计算定向波束的生存时间，将波束的生存时间记录在波束表中。DRA-LDP 路由协议以最大传输路径生存时间为目标，其中传输路径生存时间被定义为组成传输路径的波束中可用时间最短的波束生存时间。不同于传统路由协议，DRA-LDP 路由协议使用非对称的上下行传输路径进行信息传输。仿真结果表明，所提出的 DRA-LDP 路由协议相比传统路由协议有着更好的性能表现。

第五，针对 ARCCNet 中水声子网的信号干扰问题，研究了具有保护间隔的 Slotted ALOHA 协议，对水声子网中的时隙多用户随机接入性能进行了分析。基于节点的位置分布，推导出干扰数据包到达时间的概率分布，进而推导出数据包重叠持续时间的分布、信干噪比（Signal to Interference plus Noise Ratio，SINR）的概率密度函数（Probability Density Function，PDF）表达式，得到了两个节点间典型链路的中断概率和归一化吞吐量表达式。结果表明，在适当选择保护间隔长度的情况下，有保护间隔的时隙网络比没有保护间隔的时隙网络具有更高的吞吐量。

本书得到了国家出版基金的资助，相关研究工作得到了国家自然科学基金（No.U1701265）的资助。感谢博士生王焱，硕士生卫依钰、付正等为本书出版所做的基础性工作，感谢华南理工大学季飞教授、官权升教授、余华教授等的意见和建议。由于时间仓促和作者水平有限，文中遗漏和不妥之处在所难免，还望读者批评指正！

作　者

2023 年 12 月于广州

目　　录

第1章

海洋通信网络概述

　　海洋面积约占地球总面积的 70%，拥有丰富的物质和能量资源。随着人类对陆地资源的过度开发，资源短缺的情况愈发严峻。有着丰富资源的海洋是缓解资源紧缺问题的关键。未来海洋将成为人类赖以生存和发展的重要空间，也是各国战略竞争的制高点。

　　在发展海洋经济、开发利用海洋资源的过程中，海洋信息的可靠传输是重要的技术支撑手段。可通过光、声、电、磁等物理手段以及生物、化学等传感机制获取目标或海洋动力、生态、地质、气象等环境信息。海洋信息获取的场景可以是水下、水面和空中，例如，盐度、海流、水下目标的探测等一般基于水下平台实现。岸基或船基的合成孔径雷达（Synthetic Aperture Radar，SAR）图像可以对海上目标（船只、溢油、冰/冰川等）实行有效探测及跟踪。近年来，随着高分辨率、短重访周期光学成像卫星的发射，基于天基海洋超视距雷达和光学遥感成像数据的海面目标探测技术快速发展，成为 SAR 海面目标探测技术的有力补充。

　　水面及水面以上的海洋信息传输一般采用无线电通信,这方面已有成熟的研究,海洋信息传输的难点主要在水下。早期的水下信息传输采用海底光缆、电缆的有线传输方式，典型系统可追溯到 20 世纪 50 年代，美国电话电报公司开发了代号为 Jezable 的海底监视系统。与此同时，斯克里普斯海洋研究所和伍兹霍尔海洋研究所等机构开展了海洋声信号远距离传播项目 Michael。Michael 项目与 Jezable 项目结合后，演变为固定式水下声波监听系统（Sound Surveillance System，SOSUS）。SOSUS

在美国本土东侧的大西洋、西侧的太平洋中建立了一系列水听器阵列。这些水听器通过专用线缆相互连接，并最终接入岸基通信网络，线缆总长度达 3 万海里（约为 55560km）。20 世纪 80 年代中期，SOSUS 融合光纤数据传输技术增强了传输能力，逐步升级为固定分布式系统（Fixed Distributed System，FDS）。FDS 和可灵活部署的先进可部署系统（Advanced Deployable System，ADS）、拖曳式阵列监视传感器系统（Surveillance Towed-Array Sensor System，SURTASS）进行融合组网，升级为综合水下监视系统（Integrated Undersea Surveillance System，IUSS）。FDS 采用光纤传输技术和局域网。IUSS 不仅能够有效探测在沿海活动的核动力潜艇和安静型常规潜艇，也能为编队指挥提供准确的威胁位置信息，给美国海军的各种反潜战平台提供所需的反潜信息。这个庞大的水声警戒网在战略反潜中起了很重要的作用，但其采用深水固定布设、有线连接，工程难度大，成本高且难以维护更新。水下无线传输在 20 世纪八九十年代开始引起人们的关注。由于海水对高频电磁波的吸收和衰减非常严重，水下电磁波通信只有在非常低的频率下才可能实现远距离通信。声波是在水中能远距离传输的最常见的信号载体，水声通信就是采用声波进行通信的。随着水声通信技术的发展，用水声无线连接代替专用线缆连接成为水下监测网的趋势。

水声通信和水下低频无线电通信都存在带宽受限的问题，难以实现高速通信。水下光学无线通信在高速数据传输的应用中备受重视，这是因为它提供了比传统水声通信和水下低频无线电通信更高的数据传输速率，具有更低的功耗和更简单的计算复杂性，适用于短距离无线链路。具体而言，水下可见光通信（Underwater Visible Light Communication，UWVLC）通常使用蓝/绿光波长，因为与其他颜色相比，它们在水中的衰减较小。UWVLC 有几个优点，第一个优点是高速和宽光谱。光波由于频率高、信息承载能力强，可以实现大容量的水下数据传输。光波在水中的传输带宽可达数百兆赫，这使得在水下快速传输大容量数据成为可能。第二个优点是优越的安全性。光通信具有无电磁辐射、抗干扰能力强的特点，具有良好光通信机的水下电子对抗性能。第三个优点是体积小，可以大大减小发射和接收设备的尺寸和质量。最后一个优点是低功耗。半导体光源具有良好的转换效率，因此，只需较小的功率便可以支持无线光通信。

总体而言，海洋信息传输除了有线通信方式，还包括以声音、可见光、低频电磁波为传播介质的无线通信方式，下面进行详细介绍。

1.1　有线通信网络

水下有线观测网的架构如图 1-1 所示，水下监测节点被固定部署在海底，通过有线电缆汇聚到中心节点，并进一步传到岸上汇聚节点。下面介绍当前国际上主要的观测网络。

图 1-1　水下有线观测网的架构（来源：日本海洋研究开发机构）

1.1.1　美国海底观测系统

大洋观测计划（Ocean Observatories Initiative，OOI）是美国国家科学基金会主导的海洋大型科学设备，建设项目包括天文望远镜、地球模拟器、流动观测平台等。2000 年通过了 OOI 立项。随后在 2016 年，美国国家科学基金会宣布 OOI 正式启用。该计划耗资 3.86 亿美元，前后历时十余年。OOI 是一个长期部署且主要面向科学研究的海洋观测系统。OOI 由近岸网、区域网和全球网 3 类不同的网络形态构成。在位于太平洋和大西洋的监测系统中分布着 850 个监测仪器，其中包括 1 个由 7 个海底主节点（每个节点具备 10Gbit/s 带宽双向通信能力和 8kW 能量）通过 880km 海缆连接组成的区域观测系统、2 个近岸的监测系统和 4 个全球阵列监测系统（由深海实验平台、移动监测平台和系泊装置构成）。OOI 系统实现了网络监测范围从陆地到海洋的延伸，覆盖了从水面到水下的广大区域，实现了时间维度从秒级到年代级、观测尺寸从厘米级到百千米级的系统性观测。OOI 已在各项科学研究中发挥巨大作用。在其帮助下，研究人员深入观测包括生物地球化学循环、渔业与气候作用、极端环境中的生命、板块构造过程、海洋动力、海啸在内的各种关键性海洋过程，观测结果可用于研究洋中脊、海气交换、气候变化、大洋循环、生态系统、湍流混合、水岩反应、地球动力学、地球内部构造和生物地球化学循环等科学问题。OOI 系统正常运行以来获取的数据均向科学家、教育工作者以及公众免费开放，到 2019 年已经产生了 2500 多种科学数据产品、10 万多种科学与工程数据产品，而且可用的数据量、数据下载工具以及可进行数据处理的图像数量还在持续稳定增长，OOI 观测数据有效推动了海洋科学研究的进步[1]。

另外，美国综合海洋观测系统（Integrated Ocean Observing System，IOOS）是美国国家海洋与大气管理局主持的另一个大型综合类计划，有海军、国家科学基金会、国家航空航天局、矿产管理局、地质调查局、能源部、海岸警卫队、陆军工程兵团和环境保护署等 IOOS 的 11 个联邦政府组织参加。IOOS 是一个协调计划，在美国各地已经建立的成百个近海观测系统的基础上（区域子系统见表 1-1），建设相互协调的全国主干系统和地区子系统，进行海洋现场观测、数据管理和供应的全国性整合，为国内和国际目标服务[2]。

表 1-1 IOOS 的 11 个区域子系统

区域子系统	观测范围
五大湖观测系统（GLOS）	五大湖及其连接水道、圣劳伦斯河
东北近海区域观测系统（NERACOOS）	缅因州到马萨诸塞州岸外、加拿大新布伦瑞克省和新斯科舍省岸外
大西洋近海中段区域观测系统（MACOORA）	从科德角到哈特拉斯角

续表

区域子系统	观测范围
东南近海区域观测系统（SECOORA）	北卡罗来纳州到佛罗里达州岸外
加勒比区域观测系统（CaRA）	波多黎各、维尔京群岛、纳弗沙岛
墨西哥湾近海区域观测系统（GCOOS）	佛罗里达州到得克萨斯州岸外
南加州近海区域观测系统（SCCOOS）	南加利福尼亚湾
中北加州近海区域观测系统（CeNCOOS）	加利福尼亚州中部与北部岸外
西北联网海洋观测系统（NANNOS）	华盛顿州、俄勒冈州、北加利福尼亚州岸外
阿拉斯加海洋观测系统（AOOS）	阿拉斯加湾、白令海、阿留申群岛与北冰洋
太平洋诸岛整合海洋观测系统（PacIOOS）	夏威夷等太平洋美国诸岛和自由加入的太平洋岛国

1.1.2　加拿大"海王星"海底观测网

加拿大"海王星"海底观测网（NEPTUNE Canada），"NEPTUNE"全称为 North East Pacific Time Series Undersee Networked Experiments，直译是"东北太平洋时间序列海底联网试验"，位于北美太平洋岸外的胡安·德·夫卡板块最北部。由 800km 的海底光电缆相连的各种仪器，将东太平洋这块海区的深海物理、化学、生物、地质的实时观测信息，源源不断地传回陆地实验室，并通过互联网传给世界各国的终端。NEPTUNE Canada 是由 5 个海底主节点（单个节点具有 10kW 供电能力和 2.5Gbit/s 带宽数据传输能力）构成的 800km 环形主干网络，覆盖了离岸 300km 范围内 20～2660m 不同水深的典型海洋环境。每个节点周围可连有数个接驳盒，水下接驳盒则通过分支光电缆与观测仪器和传感器相连。整个系统现有 100 多台仪器和传感器连接在这些水下接驳盒之上，进行连续的水下观测，并将观测数据实时传给陆上实验室和互联网[3]。

NEPTUNE Canada 由加拿大海洋网络（Ocean Networks Canada，ONC）管理。ONC 是由加拿大维多利亚大学创办的非营利性机构，主要利用海底光电缆构建的具备观测和数据采集、能源供给和数据传输、交互式远程控制、数据管理和分析等功能的软/硬件集成系统，实现对不同深度的海底、地壳板块运动、生态环境变化、海洋生物群落的长期、实时、连续观测，并可通过互联网进行实时直播。

1.1.3　日本地震海啸观测系统

作为一个地震多发国家，为实现对地震、海啸的实时观测和预警，日本先后建设了地震和海啸海底观测密集网络（Dense Oceanfloor Network System for Earthquakes and Tsunamis，DONET）、DONET 2 以及日本海沟海底地震海啸观测网（S-Net）等海底观测网络，覆盖了日本从近岸到南海海槽的广大海域。DONET 系统通过以 15～20km 为间隔布设的 22 个密集观测点和以有线方式连接的部分综合大洋钻探计划（Integrated Ocean Drilling Program，IODP）海底钻孔观测点，实现了观测数据的实时上传；DONET 2 系统由 450km 光电复合缆、两个登陆站、7 个科学节点和 29 个观测平台组成。这两个系统覆盖了从近岸到海沟的广大海域，为日本提供了南部海域的地震和海啸海底预警装置，实现对日本东部海域地震情况的高精度、宽频带实时监测，并且和 IODP 相结合，为研究板块俯冲带的地震机制提供了科学设施。2015 年建成的 S-Net 沿日本海沟布设，缆线总长 5700km，覆盖了从海岸到海沟总计 250000km^2 的广大区域。该网络由 6 个系统组成，每个系统包括 800km 缆线和 25 个观测站，观测站之间南北相距约 50km，东西相距约 30km，做到每个里氏 7.5 级的地震源区有 1 个观测站。以日本学者为主体的研究团队基于观测网数据开展了扎实的研究工作，通过对海底信号长期监测结果的研究分析，揭示了日本南部海槽板块构造的次级结构及其运动规律，暗示了孕震机制的新线索，推动了区域精细结构和地震机制的科学研究。对监测数据的数值模拟研究，揭示出海底水压变化与海啸波高的关联，提高了海啸预警的时效性和精确度，使地震预警有望提前30s，海啸预警提前 20min。

1.1.4　中国海底综合观测系统

我国在 863 计划等国家计划和地方科技计划的推动下，开展了海底观测网关键技术和观测网试验系统相关研究，为我国海底长期观测网的建设提供了重要的技术储备和经验积累。"十一五"期间，在 863 计划的资助下，同济大学等高校承担了"海底长期观测网络试验节点关键技术"项目，研制完成的科学观测节点在美国蒙特雷加速研究系统（Monterey Accelerated Research System，MARS）开展了为期半年的海试。

　　"十二五"期间，中国科学院南海海洋研究所、中国科学院声学研究所、中国科学院沈阳自动化研究所联合研制的"南海海底观测实验示范网"在海南三亚海域建设完成。三亚海底观测示范系统由岸基站、海底光电缆（2km）、水下节点（直流 10kV）、3 套观测设备、含声学网关在内的 4 个观测节点构成，接驳盒布放水深 20m。系统研制过程中在高压直流输配电技术、水下可插拔连接器应用技术、网络传输与信息融合技术、稳健的网络协议、水声通信网与主干网的协同机制等方面取得了重要突破。"十二五"期间，在 863 计划的支持下，2012 年正式启动重大项目"海底观测网试验系统"。该项目由中国科学院声学研究所牵头，联合国内 12 家优秀涉海研究机构共同承担，分别在我国南海和东海建设海底观测网试验系统。南海深海海底观测网试验系统（如图 1-2 所示）[1]以海南为岸基站，通过150km 海底光电复合缆连接了多套海洋化学、地球物理和海底动力观测平台。国家重大科技基础设施是为探索未知世界、发现自然规律、实现技术变革提供极限研究手段的大型复杂科学研究系统，由国家统筹布局，依托高水平创新主体建设，面向社会开放共享，长期为高水平研究活动提供服务，具有较大的国际影响力，是突破科学前沿、解决经济社会发展和国家安全重大科技问题的物质技术基础。南海深海海底观测网试验系统的建成，实现了观测网关键核心技术的自主可控，攻克了海底观测网总体技术，制定了我国首个海底观测网技术规范，突破了水下高电压（10kV 级）远程供电与通信（千兆级带宽）、大深度高精度（亚米级）定位布放与回收、深水高电压（10kV 级）光电复合缆、深水遥控潜水器（Remote-Operated Vehicle，ROV）水下湿插拔作业、新型传感器（激光拉曼光谱仪、微颗粒流速仪）等多项关键技术，国产化率达到了 90%。东海浅海海底观测网以舟山为岸基站，布设 33km 海底光电复合缆，实现海洋化学、物理海洋学、地球物理等多参数指标的原位、实时和高分辨率监测，积累了适用于东海宽陆架、高浑浊度、高通航密度等海区环境的海底观测网布设工程以及海底海面设施安全防护的成熟技术与经验。

　　2017 年 3 月，国家发展和改革委员会正式批复《海底科学观测网国家重大科技基础设施项目建议书》。该项目由同济大学牵头进行统筹协调，同济大学和中国科学院声学研究所共同作为项目法人单位；主管部门为教育部、中国科学院、上海市科学技术委员会。国家海底科学观测网是我国基于海底的第一个国家重大科技基础设施，也是上海张江综合性国家科学中心重点建设的科学大设施。

国家海底科学观测网的建设目标是：在我国东海和南海关键海域建设基于光电复合缆连接的海底科学观测网，实现对我国边缘海典型海域从海底到海面全方位、综合性、实时的高分辨率立体观测；在上海临港建设监测与数据中心，对整个海底科学观测系统进行监测与数据存储和管理。项目建成后，国家海底科学观测网将成为总体水平国际一流、综合指标国际先进的海底观测研究设施，为我国的海洋科学研究建立开放共享的重大科学平台，并服务于国防安全与国家权益、海洋资源开发、海洋灾害预测等多方面的综合需求。

图 1-2   中国南海深海海底观测网试验系统[1]

1.2   水下无线通信网络

当前水下无线通信的技术手段主要有电磁波通信、光通信及以声音为传播介质的水声通信。电磁波在水中衰减很快，即使在相当低的频段（如 30～300Hz）也只能穿透海水 100m 左右的距离，通信速率也很低，因此电磁波在水下无法远距离传输。可见光中，在波长为 470～540nm 的蓝绿光频段，海水损耗比相邻频段低 3～4 个数量级，使得短距离（100m 以内）水下高速光通信成为可能。麻省理工学院、密歇根州立大学、热那亚大学的研究者采用全向发光二极管（Light Emitting Diode，LED）光源，在 2～30m 范围内实现每秒兆比特量级的高速通信。如果采用窄波束激光光源，则可显著提升传输速率，甚至到每秒吉比特量级。但可见光主要针对短距离通信，声波是目前唯一能在水下实现远距离无线传输的信息载体，声场是水下传播最远的物理场，水声通信成为水下组网信息传输方式的首选。水声通信是目前水下中远距离无线通信的主要手段，其有效传输距离可达数千米至数十千米。但声信号与无线电信号相比，存在固有的缺陷。首先，声波是机械波，高频段衰减快，低频段受海洋环境噪声干扰，水声信道的可用带宽极其有限，在数千米的通信距离下，可用带宽只有几千赫兹，比无线电信道低 4 个数量级[4]。

1.2.1　水声通信网络

水声通信网络的核心挑战来自通信媒介的专有特性。水声信道与陆地无线信道有类似的特征，如多径效应、多普勒效应等。但由于声波是一种机械波，其介质特性和陆地无线通信所采用的电磁波有本质的区别，使得水声信道和陆地无线信道相比，在带宽、噪声、多径效应、多普勒效应等方面有很大区别，具体体现在以下几个方面。

（1）水声信道带宽非常窄。水声信道比陆地无线信道可用带宽窄很多，并且水声信道对不同频率水声信号的衰减程度不同，频率越高，衰减越严重，因此传播距离越远，可用带宽越窄。图 1-3 给出了水声信道不同传输距离下的频带信噪比[4]，对于几十千米以上的远距离水声通信，可用带宽只有几千赫兹；对于几千米的中距离水声通信，可用带宽只有几万赫兹。水声信道极其有限的带宽对频谱效率提出了很高的要求。对于接收端处理，则要求尽可能降低误码率。

（2）多径时延长。水声信道的多径效应十分严重，并且由于水中声音的传播速率很低（约为 1500m/s），因此多径时延扩展很大，达到毫秒级甚至秒级，这样的时延造成了数十甚至数百个码元间的干扰。例如，在文献[5]所列出的最新测试数据显示，对于一个典型的水声信道，其时延扩展达到 20ms，相当于 160 个符号。水声信道多径时延的另一个显著特点是能量显著的延时多径抽头少且分散。例如，在上述文献的水声信道中，只有 4 个能量显著的延时多径抽头，其他抽头的能量可忽略不计。

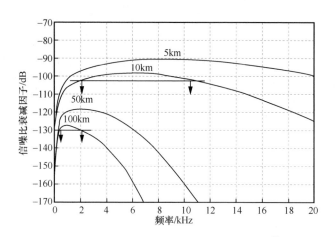

图 1-3　水声信道不同传输距离下的频带信噪比[4]

（3）多普勒效应明显。多普勒效应正比于收发端相对速度与波速的比例。由于声音的传播速率低，信号发射机与接收机之间的相互运动或水体的流动都将引起严重的多普勒频移，造成信道的时变响应。例如，在陆地无线通信环境下，假设终端的移动速率为 100km/h（车载速度），所产生的多普勒效应数量级为 10^{-7}，在大多数应用中不会影响接收端的频率同步，对于水声通信，速率为 10 海里/小时（约为 18.52km/h）产生的多普勒效应数量级为 10^{-3}，远高于陆地无线通信的多普勒效应，接收端不能忽略，并且为跟踪快变信道需要快速收敛算法。

由于水声通信的处理难度远高于陆地无线通信，再加上水声设备昂贵，实验难度大，一直以来水声通信的发展都落后于陆地无线通信。现代意义上的水声通信始于第二次世界大战中军事的需要，1945 年美国开始配置水声通信机用于潜艇间的通信。水声通信机使用单边带抑制载波的幅度调制方式，工作于 8～11kHz，能够在几千米远的距离传送水声信号。在强有力的信号处理算法被提出来之前，多进制频移键控（Multiple Frequency-Shift Keying，MFSK）被认为是解决水声信道多途扩展问题的最佳调制方式，非相干通信 MFSK 调制在几十年里一直占据水声通信的主要地位，是人们研究的重点。非相干通信系统的代表是美国伍兹霍尔海洋研究所和 Datasonics 公司联合研制的水声数据遥测系统，它采用 MFSK 技术，带宽为 20～30kHz，此带宽被分成 16 个子带，每个子带采用四相频移键控（4FSK）发射信号。此系统成功应用在 4km 浅海水平信道和 3km 深海垂直信道，还被应用到 700m 极浅海区，在无纠错编码的情况下误码率达到 $10^{-3}\sim10^{-2}$。

哈尔滨工程大学水声工程学院最早进行了频移键控（Frequency-Shift Keying，FSK）、MFSK 等相关技术研究，并进行了大量的湖上和海上试验，具有代表性的是 1994 年完成的 863 项目"视频图像水下声传输试验研究"。虽然非相干 MFSK 在中等数据率和强多径干扰、快速相位变化的水声信道中是一种很好的调制解调方法，但其频带利用率很低，不超过 0.5bit/(s·Hz)。为提高频带利用率，水声通信领域逐渐转向相位相干调制技术研究。自 20 世纪 90 年代至今，相移键控（Phase-Shift Keying，PSK）调制方式逐渐占据高速水声通信的主导地位。相位相干调制法不仅能满足系统对传输速率的要求，而且随着数据率的提高，自适应接收器对信道的跟踪误差下降，从而有效改善了接收性能。另外，各种带宽利用率较高的通信体制，如正交频分复用（Orthogonal Frequency Division Multiplexing，OFDM）技术、时间反转镜技术和多输入多输出（Multiple-input Multiple-output，MIMO）技术被应用于水声通信系统，取得了一些令人鼓舞的成果。

海面下水声自组织网络主要是由水下多个水声节点组成的通信网络。多节点互连组成网络，可延长数据传输距离，扩大监测覆盖范围，更好地实现信息共享。伴随着商业水声调制解调器 Modem 的出现，从 20 世纪 90 年代起，人们开始关注水声网络的研究。美国的自主海洋采样网（Autonomous Ocean Sampling Network，AOSN）计划率先提出"水声网"的概念，并以 SeaWeb 计划进行实践与验证[6]，1996 年，美国军方在墨西哥湾第一次进行了 SeaWeb 试验。在这次试验中部署了 4 个水下节点，节点配备了 ATM-850 水声调制解调器。ATM-850 使用时分多址（Time-Division Multiple Access，TDMA）技术和 MFSK 的调制方式。ATM-850 使用声波作为信息载体将信息发送给网关节点，缺点是通信效率较低。1998 年，SeaWeb 项目使用的水声调制解调器升级为第二代的 ATM-875。ATM-875 使用频分多址

（Frequency-Division Multiple Access，FDMA）技术和 MFSK 的调制技术。该次试验部署了 4 个水下声学节点和 1 个水面射频中继节点。该次试验不仅完成了水下数据的高质量连续远程采集，同时展示了网络通信的相关应用，如数据包的自动重传、数据包的转发和存储、数据包的多跳路由传输。1999 年，美国进行了第 3 次 SeaWeb 试验。该次试验在巴泽兹湾水下 5～15m 处部署了 15 个水下声学调制解调器，试验为期 6 周，主要测试了多跳路由的应用。通过配置不同的网络参数，SeaWeb 使用多跳路由技术将数据包通过下行链路转发到海底节点。2003 年，SeaWeb 项目在墨西哥湾东部部署了 2 个水面网关节点、6 个水下固定节点和 3 个 AUV，2003 年 SeaWeb 组网试验示意图如图 1-4 所示[6]。其中，6 个固定水下节点的通信速率为 800bit/s，分布间距为 3～4.5km，这次试验验证了 AUV 的测距功能。2004 年，SeaWeb 部署了 40 个固定于海底的水声调制解调器、3 个水面网关节点和 1 个水下移动节点，该次试验进一步验证了动态的路由协议和分布式网络拓扑结构[6]。

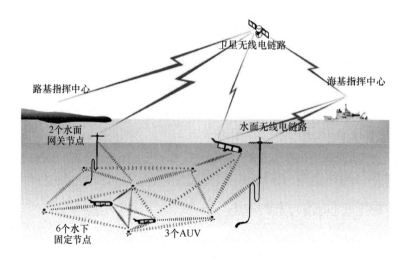

图 1-4　2003 年 SeaWeb 组网试验示意图[6]

SeaWeb 项目证实了利用声学进行水下组网的可行性，衍生出一系列水声网计划和应用，并激发了学术界对水声媒体接入控制（Media Access Control，MAC）与路由等组网策略和协议的研究兴趣。2005 年，在美国海军研究办公室（Office of

Naval Research，ONR）的资助下，宾夕法尼亚大学、华盛顿大学等高校和公司共同实施了 Plusnet 项目。该项目致力于开发一种由水下固定节点和水下移动节点共同组成的自组织水下网络设施。Plusnet 项目中的母船为战略核潜艇。母船携带的浮标、潜标和水声探测基阵充当网络中的固定节点，以具备不同功能的水下潜航器为网络中的移动节点。Plusnet 项目中，多种水下终端相互配合，为水下作战、目标探测等应用提供支持。在 2006 年蒙特雷湾的部署期间，Plusnet 项目进行了大规模的组网试验。2015 年，Plusnet 项目正式形成作战能力。2015 年 4 月，美国国防部高级研究计划局在其网站发布了题为 "下一代水下通信（Next Generation Undersea Communication，NGUC）" 的研究计划征集指南，向全美研究机构及企业征集技术方案，重点包括以下 5 个方面：一是针对海洋环境影响的通信链路预测及自适应技术，二是基于声通信、光通信、电磁波通信、有线连接多模融合的水下通信技术，三是适用于水下环境的物理层、网络层自适应技术，四是适用于水下环境的信息安全技术，五是与指挥中心通信的水下-水面网关及接口。可以看到，多模融合通信、水下-水面网关等与声电融合网络相关的内容占主要地位。

除美国外，欧洲在海洋科学技术计划（MArine Science and Technology Program，MAST）的支持下，也开展了一系列的水声通信网络研究项目。其中最为人们熟知的是沿海环境监测水声通信网（Acoustic Communication Network for Minoring of Environment in Coastal Areas，ACMENet）项目。ACMENet 是一个对沿海环境实施长期实时观测的水声通信网络。ACMENet 中的水下节点采用基于 MFSK/TDMA 的调制方式，节点可以对调制方式和信号发射功率进行自适应的调整。该项目分别于 2008 年、2010 年、2011 年进行了 3 次海上试验，试验对水声通信中的多种技术进行了验证。

国内水下通信网的建设起步于 2001 年，如哈尔滨工程大学在水下网络节点的硬件平台开发上做了相关的研究、厦门大学研究过水声通信网络协议的跨层设计问题、中国海洋大学研究过水下无线通信网络的安全体系，中国科学院声学所、中国船舶第 715 研究所、西北工业大学等单位也做过相关研究。"十一五"期间，863 计划中的 "水声通信网络节点及组网关键技术" 项目是我国支持力度最大的水声通信网络研究项目。该项目成功研制了基于正交频分复用（Orthogonal Frequency Division

Multiplexing，OFDM）、多进制相移键控（Multiple Phase-Shift Keying，MPSK）和MFSK 等不同调制方式的水声调制解调器。该项目利用这些调制解调器构建了包含13 个节点的水声通信网络，开展了为期 45 天的海上试验。哈尔滨工程大学研究团队在南海海域构建了由最多 15 个水声节点组成的自组织水声通信网络,在长达一个多月的时间里，对该海域的温度、电导率等物理参数进行了连续的收集和监测。中国科学院声学研究所在浙江千岛湖水域完成了 4 个水声通信节点的组网试验，验证了一种改进的无线自组织按需距离向量路由协议（Ad Hoc On-Demand Distance Vector，AODV）的网络初始化、邻节点维护和路由建立等功能，证明了自组织网络路由协议在水声通信网络中的可用性。国家自然科学基金委员会在 2013 年开始高度重视水声网络方面的研究，举办了针对水声网络的双清论坛，2014 年优先资助重点领域启动水声重点项目群，并落实资助 3 个重点项目，随后 2015 年启动了第二批水声通信与探测重点项目群。

1.2.2 水下光通信

海水是一种成分极为复杂的溶液，其中包含了许多离子体、海洋漂浮物、可溶解气体微量元素和各种有机体等，使得水下环境和自由空间环境之间的光传播存在巨大差异。可见光在水下的传播特性受所有水下因素的影响，其主要表现为光在水中传播时，会被水吸收和散射。光在水中的传播会受到吸收和散射的影响，从而极大地降低光功率。吸收和散射是由光子与水中的粒子相互作用引起的，其中吸收是由光子将能量转移给其他粒子引起的，散射是由光子与其他粒子的碰撞引起的。通常用 $c(\lambda)$ 描述水中光的衰减，表示为[7]：

$$c(\lambda) = a(\lambda) + b(\lambda) \tag{1-1}$$

其中，$a(\lambda)$ 和 $b(\lambda)$ 分别表示吸收系数和散射系数；λ 为可见光波长，单位为 nm。1981 年，文献[8]详细研究了吸收作用和散射作用对于水下光学性质的不同影响，发现纯海水环境中，吸收作用的影响较为严重，相比之下，散射作用对光传输特性的影响则极为微小，其中纯海水对不同波长光的吸收系数如图 1-5 所示[8]。由图 1-5 可以看出，在纯海水中存在一个较低衰减系数的区域，即波长为 400～500nm 的蓝绿光波段，因而目前 UWVLC 系统中通常也采用蓝绿光波段作为发射光源。

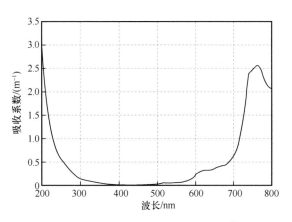

图 1-5 纯海水对不同波长光的吸收系数[8]

水下光通信系统的发射光源一般采用 LED 或激光二极管（Laser Diode，LD）。LED 光源凭借其独特的优势，如安全性高、寿命长、能源转换效率高、不受电磁干扰、可同时用于照明和通信等，在水下光通信领域被广泛研究，而且 LED 光源的发散角较大，在一定程度上降低了链路对准的要求。但是，直接调制 LED 的缺点是调制带宽低，因而限制了水下光通信系统的传输速率（一般为 Mbit/s 级别）。

随着半导体工艺技术的不断发展和突破，可见光波段的 LD 制造工艺日渐成熟。在水下光通信领域中，直接调制可见光波段的 LD 的带宽高，信号传输速率可达Gbit/s 级别。由于 LD 的发散角较小，其能量集中，传输距离较长，但同时对链路对准的要求也较高，可通过激光扩束等方法进行改善。近年来，蓝光 LD 在水下光通信领域得到了广泛的研究。由于绿光 LD 工艺还不够成熟，通信性能不稳定，其在水下光通信中的应用仍处于起步阶段。红光在水中具有比蓝、绿光更小的散射系数，而且工艺成熟的红光 LD 具有更低的价格、更高的功率、更大的调制带宽。红光 LD 比较适合短距离水下光通信，特别是在较浑浊的水体中。

水下光通信系统中常用的探测器为 PIN 光电二极管、雪崩光电二极管（Avalanche Photodiode，APD）和光电倍增管（Photomultiplier，PMT）。PIN 光电二极管的价格较低，响应较快。APD 利用雪崩击穿效应，具有远高于 PIN 光电二极管的探测灵敏度。但是，二者都具有较小的探测面积，对水下光通信的链路对准要求较高。PMT 通过光电子在多个倍增极间依次反射倍增实现对微弱光信号的探测。它的灵敏度非常高，可以探测低功率信号，对链路对准的要求比较低，但是需要上千伏的工作电压，使用时特别易碎。在进行水下光通信系统设计时，需要结合实际的应用环境，综合考虑系统要实现的功能、需要的成本和功耗等问题，合理选择光源和探测器。

在集成系统研发方面，2010 年，麻省理工学院在水下光通信系统实验中获得了3MB/s 的通信速率，通信距离为 13m，并进一步在 2011 年设计了用于自治式潜水器（Autonomous Underwater Vehicle，AUV）通信的水下光通信，实现了 50m 的传输距离和 2.28MB/s 的通信速率。2014 年，美国海军研究署与加州大学共同研发了一种新型快速闪烁双曲超材料，使水下光通信的通信速率提高了近 2 个数量级。2016 年，浙江大学采用 OFDM 技术使单颗蓝光 LED 在 2m 的水下传输距离下，实现了 161MB/s 的通信速率。

在基于直接调制 LD 光通信方面，2015 年，Nakamura 等采用 OFDM 技术和450nm 的 LD，实现了 1.45Gbit/s 的通信速率和 4.8m 的传输距离。长春理工大学、中国科学院上海光学精密机械研究所、清华大学、电子科技大学等国内单位也从光在海水中的传输特性、调制格式和探测技术等不同角度在该领域做出了卓有成效的工作。2017 年，复旦大学采用简单的通断键控（On-Off Keying，OOK）调制，实现了 34.5m、70Gbit/s 的长距离、高速水下光通信系统。

1.3 水面/海上无线电通信网络

水面无线电通信系统主要是指海上无线电通信系统，其被广泛应用于授时、海上定位、海洋灾害预警、信息发布等领域。目前，主流的海上无线电通信系统包括天基海上通信系统、岸基海上通信系统和海基海上通信系统[9]。本节介绍一些具有代表性的海上无线电通信系统。

卫星通信是较可靠和成熟的海洋通信方式。近年来，我国在卫星移动通信领域持续发力，2012 年和 2013 年发射的"中星十二号"和"中星十一号"通信卫星已经完全覆盖我国沿海和"一带一路"国家海域，2016 年，发射我国自行研制的大容量地球同步轨道移动通信卫星"天通一号"，其能够覆盖北部湾、南海地区，并已作为公共移动通信正式运营。但海洋通信仍然存在带宽有限、用户容量小、时延高、通信成本高等缺陷。对海域无线电信道环境的综合分析研究表明，在海洋独特的电磁环境和稀疏远距离基站环境下，卫星与地面组网理论和方法有必要做出调整。

除卫星通信外，奈伏泰斯（NAVTEX）系统、中频（Medium Frequency，MF）/高频（High Frequency，HF）系统和甚高频（Very High Frequency，VHF）系统一般应用于远海航行安全。VHF 通信一直是海上救援与安全的主要通信方式之一，国际电信联盟（International Telecommunications Union，ITU）在 VHF 海上移动频段引入了第一个海上数据传输系统数字选择性呼叫频道，在海上移动通信业务中可用于遇险、安全、呼叫和应答通信。ITU 为实现船舶识别、避碰和支持船舶交通信息服务，推出了另一种 VHF 数据传输系统，即自动识别系统（Automatic Identification System，AIS）。

1.3.1　天基海上通信系统

从 1982 年第一代国际海事卫星系统（Inmarsat）商用至今，Inmarsat 已发展至第六代，最新一代（第六代）于 2021 年成功发射。目前，第三代至第五代系统是代表性商用系统，海事卫星第三代系统（Inmarsat-3）于 1996 年投入使用，可支持移动分组数据业务；系统有 5 颗卫星，每颗卫星在全球波束的基础上补充了 7 个 L 频段的宽点波束。海事卫星第四代系统（Inmarsat-4）由 3 颗卫星组成，每颗卫星具有一个全球波束、19 个点波束和 228 个窄带波束，可实现全球中低纬度地区的全面覆盖。Inmarsat-4 支持全球宽带区域网络（Broadband Global Area Network，BGAN）业务，通信峰值速率可达 492kbit/s。海事卫星第五代系统 Global Xpress 由 5 颗 Ka 波段卫星组成，可为用户提供 50Mbit/s 的下行服务和 5Mbit/s 的上行服务。除海事卫星外，各类通信卫星也可为海上用户提供通信服务，例如，我国的"天通一号"移动通信卫星可为用户提供语音、短消息和低速数据服务，峰值速率为 9.6kbit/s。再如铱星系统可为海上用户提供 128kbit/s 的数据服务，而 Iridium-Next 将支持更大的通信带宽。随着天基网络迅速发展，各类高通量卫星、中/低轨卫星星座也为海洋通信提供了新途径。例如，我国的"实践十三号"通信卫星的总容量超过 20Gbit/s，可覆盖沿海近 200km 区域。再如建设中的 O3b 系统、Starlink 系统、我国的"鸿雁"

与"虹云"星座等均有望为海上用户提供高效的通信服务。

卫星通信的主要局限在于时延高、速率受限，各类高通量卫星往往要求终端配置高增益动中通天线，这可能成为大量低端船只有效获得宽带服务的障碍。我国拥有世界上最多的船舶，但低端船舶占比尤其大。因此，费效比是构建可用海洋通信网络不可忽视的问题，仅仅依靠卫星不能全盘解决我国海洋通信的问题。比卫星更低的空基通信网络将基站搭载于 UAV、热气球等高空平台，也是满足海洋通信需求的重要手段。BLUECOM+项目是代表性应用之一，该项目使用绳系气球作为路由器，将岸基宽带通信扩展至偏远的海域，通过多跳中继技术延长通信链路，可以覆盖距离海岸约 150km 的海域，提供速率为 3Mbit/s 的宽带通信服务[10]。此外，UAV 海域通信因其具有灵活调度的优势，也具有重要前景。空基系统由于距离用户更近，对终端的要求极大地降低了，但空基平台易受气象条件的影响，在复杂海况、恶劣天气条件下应用挑战大。

1.3.2　岸基海上通信系统

岸基海上通信网络主要包括以 NAVTEX、PACTOR 及 AIS 为代表的窄带无线电系统和沿岸架设蜂窝基站的宽带通信系统。NAVTEX 可为 200 海里（约为 370.4km）以内的船只提供电报服务、气象预警，以及导航数据等安全信息。PACTOR 可为离岸数千千米的船舶提供纯文本通信服务。AIS 是船舶自动认证系统，通过获取船舶航线信息，为海上导航、船舶避障等提供依据，实时传输速率可达 9.6kbit/s。为实现近海宽带通信，可通过沿岸高架基站将长期演进（Long Term Evolution，LTE）技术网络扩展至近海。具有代表性的离岸 LTE 网络由挪威通信服务商 Tampnet 和华为联合开发。该网络可覆盖离岸 20～50km 范围内的钻井平台和油轮等，为用户提供上行峰值速率为 1Mbit/s 和下行峰值速率为 2Mbit/s 的语音和数据服务。此外，中国移动和爱立信在青岛建立了 TD-LTE 海上覆盖试验网络，可覆盖离岸 30km 的近海区域，上/下行链路的最大吞吐量分别为 7Mbit/s 和 2Mbit/s[11]。而韩国的 LTE-Maritime 项目则将岸基基站和基于海域环境设计的 LTE-Maritime 路由器联合起来，形成基于 LTE 的单跳网络。在离岸 30km 内的区域，可由基站直接提供宽带服务，下行和上行链路的平均速率分别为 6Mbit/s 和 3Mbit/s。在离岸 30～

100km 的区域内，与基站直接通信的船载 LTE-Maritime 路由器为用户提供宽带服务，下行和上行链路的平均速率分别为 3Mbit/s 和 1Mbit/s。海岛也为海洋网络建设提供了重要平台。

目前我国已在城市城区、乡镇镇区及高价值热点区域建有商用 2.6GHz、3.5GHz、4.9GHz 等中高频段的 5G 通信网络，具有超大带宽、超高速率等优势。欠发达地区、一些偏远地区及农村受限于现网中高频段的传播性能和建网成本，5G 网络尚未广泛覆盖，人们还没有享受到信息基础建设发展的红利。700MHz 频段在我国以前一直用于广播信号。工业和信息化部在 2020 年 3 月 25 日发布了《关于调整 700MHz 频段频率使用规划的通知》，将部分原用于广播电视业务的频谱资源重新规划用于移动通信系统，并明确了移动通信系统双工方式、无线电频率使用许可和无线电台（站）设置使用许可权限、移动通信系统与现有无线电业务完成协调的相关要求等。对比现有的 5G 频段，700MHz 频段是无线频率中的黄金频段，5G 网络采用 700MHz 频段在覆盖上存在无可比拟的频段优势及建设优势，如传输效率高、多普勒频谱更低、信号解调更可靠、绕射能力强、穿透衰耗小、可改善室内弱覆盖问题等优势；由于空间衰耗小、覆盖广，700MHz 频段相比其他频段覆盖同样面积所需基站数量少，整体建网成本低。

1.3.3　海基海上通信系统

海基海上通信主要依托大型船舶、岛屿、海上航空器等提供网络通信服务，其灵活的部署形式可以满足复杂多变的海上通信需求。基于船舶的海上通信系统具有组网便利、灵活高效等特点。日本研发的海上移动自组织网络，可以通过船与船之间的通信，扩大海上通信系统的覆盖范围。该系统工作在 27MHz 和 40MHz 频段，可覆盖海岸线以外 70km 的海域，但只能提供窄带通信服务，同时传输速率也较低，仅为 1.2kbit/s。为了扩大海洋通信网的覆盖范围，新加坡开发了 TRITON 项目。所有集成于网络中的船只、浮标等终端节点都可以为附近的其他终端提供转发服务。TRITON 系统可以覆盖海岸之外 27km 的海域，其工作频段为 5.8GHz，通信速率可达 6Mbit/s。部署于岛屿上的海洋通信基站可以为深海岛屿附近的海域提供高质量的通信覆盖。2016 年，中国移动在中国南海的永暑礁上建设了 4G 移动通信基站，其通过岛上的卫星通信站实现与中继卫星的双向通信，中继卫星再将数据传输到陆地上的卫星地面站。永暑礁上的 4G 网络信号为附近的船舶通信设备提供了高达 15Mbit/s 的通信速率。2017 年，中国电信在南沙群岛建立了 4 个 4G 基站，这些基站通过水下电缆与陆地网络连接，提升了岛屿附近区域的海上通信能力。UAV 等航空器具有部署灵活的特点，基于海上航空器的海洋通信具有比基于船舶的海洋通信方式更大的覆盖范围。脸书在 2013 年开启了一项互联网普及项目[12]，该项目使用高空的 UAV 作为空中基站，为偏远地区和海上用户提供网络接入服务。谷歌在 2013 年实施了 Loon 项目，该项目使用高空气球建立通信网络，为偏远地区和海上的用户提供速率达 10Mbit/s 的通信服务。

经过多年的研究发展，海上无线电通信系统已经形成了从天空到海面、从近岸至远洋的全方位覆盖。相比水声通信网，海上无线电通信网络的各种传输性能参数都有着更好的表现。而目前对海上无线电通信网络和水声通信网的研究人多是独立进行的，较少考虑两种网络的互联互通与协同组网。将互联网络拓展至水下世界，是未来通信网络建设中要考虑的重要问题。

1.4 小结

将空天网络、陆基网络、海基网络与水下网络进行互联整合，是构建未来万物互联综合网络的发展趋势。空天网络、陆基网络、海基网络都可以使用无线电信号作为信息载体，实现这些网络之间的互联互通是相对容易的。无线电信号在水中衰减严重，声波是当前水下中远距离通信中唯一可用的信息载体，这导致水面网络与水下网络的互联受到了限制。因此，空、天、地、海、潜一体化网络建设的关键是实现水下声学网络与水面无线电网络之间的互联互通。目前，水面网络和水下网络的研究一般是分开独立进行的，但是，海洋信息的获取与传输常常需要跨越水气界面。因此，将水面网络与水下网络整合形成的新型网络具有广泛的应用前景和重要的研究意义。与水声链路相比，水面无线电链路具有更加优异的性能表现。利用无线电链路协助水声链路进行信息转发，可以弥补网络中水声链路的性能短板，从而提高网络的总体性能。在这样的背景下，本书提出了声电协同通信网络的概念，将水面无线电网络与水下声学网络综合在一个网络架构中进行分析，探讨一种提升海洋信息传输效率的可行方案。

参考文献

[1] 李风华, 路艳国, 王海斌, 等. 海底观测网的研究进展与发展趋势[J]. 中国科学院院刊, 2019, 34(3): 321-330.

[2] 同济大学海洋科技中心海底观测组. 美国的两大海洋观测系统: OOI 与 IOOS[J]. 地球科学进展, 2011, 26(6): 650-655.

[3] 李建如, 许惠平. 加拿大"海王星"海底观测网[J]. 地球科学进展, 2011, 26(6): 656-661.

[4] STOJANOVIC M, PREISIG J. Underwater acoustic communication channels: propagation models and statistical characterization[J]. IEEE Communications Magazine, 2009, 47(1): 84-89.

[5] STOJANOVIC M. Recent advances in high-speed underwater acoustic communications[J]. IEEE Journal of Oceanic Engineering, 1996, 21(2): 125-136.

[6] RICE J, GREEN D. Underwater acoustic communications and networks for the US navy's SeaWeb program[C]//Proceedings of the 2008 Second International Conference on Sensor Technologies and Applications. Piscataway: IEEE Press, 2008: 715-722.

[7] ZENG Z Q, FU S, ZHANG H H, et al. A survey of underwater optical wireless communications[J]. IEEE Communications Surveys & Tutorials, 2017, 19(1): 204-238.

[8] SMITH R C, BAKER K S. Optical properties of the clearest natural waters (200-800 nm)[J]. Applied Optics, 1981, 20(2): 177-184.

[9] 冯伟, 唐睿, 葛宁. 星地协同智能海洋通信网络发展展望[J]. 电信科学, 2020, 36(10): 1-11.

[10] CAMPOS R, OLIVEIRA T, CRUZ N, et al. BLUECOM: cost-effective broadband communications at remote ocean areas[C]//Proceedings of the OCEANS 2016 - Shanghai. Piscataway: IEEE Press, 2016: 1-6.

[11] 蒋冰, 郑艺, 华彦宁, 等. 海上应急通信技术研究进展[J]. 科技导报, 2018, 36(6): 28-39.

[12] BEST M L. The Internet that Facebook built[J]. Communications of the ACM, 2014, 57(12): 21-23.

第 2 章
声电协同通信网络及仿真实现

2.1 引言

ARCCNet 面向海洋跨域数据传输的需求，采用无线电、水声作为通信媒介。可以预见，在 ARCCNet 中，水声链路与无线电链路之间的性能差异是制约网络总体传输性能的瓶颈。信息在 ARCCNet 中传输时，往往需要经过声电混合链路的多跳转发才能到达目的地。多跳通信需要根据任务的需求规划信息的传输路径，采用合理的路由协议是网络中信息高效传输的关键。本章在介绍现有跨域通信技术的基础上，分析 ARCCNet 的网络结构及组网特点，着重讨论接入协议、路由协议在 ARCCNet 中应用的特征。由于 ARCCNet 同时具有水声通信网与陆地无线自组织网络的一些特点，路由协议在组网过程中扮演着重要的角色，协议的设计需要基于网络的特点。本章随后介绍了如何在网络模拟平台 ns-3 上搭建 ARCCNet 模型，并给出了现有典型路由协议在 ARCCNet 中的性能仿真结果。

2.2 跨水气界面的通信技术

ARCCNet 由水面传输网络与水下传输网络共同组成。早期的研究常常将水下网络和水面网络作为单独的研究对象分开研究。而在 ARCCNet 中，海洋信息的高效传输需要水面网络与水下网络间的协同配合。为实现水面网络与水下网络间的高效信息交互，跨水气界面的信息传输技术是其中的关键。按照信息传输的方式区分，跨水气界面的信息传输技术可以分为直接跨域传输和中继跨域传输两种。本节总结了一些具有代表性的研究工作。

2.2.1　跨水气界面直接信息传输技术

直接传输模式在跨水气界面的信息传输中使用同一种信号类型（如低频电磁波、光波等），信号将直接跨越水气界面进行传输。图 2-1 中展示了几种跨水气界面的直接信息传输方式。

（a）电磁波跨域通信　　　（b）声射频转换跨域通信　　　（c）跨域光通信

图 2-1　跨水气界面的直接信息传输方式

基于电磁波的跨域通信常常使用电磁波作为信息载体直接穿越水气界面。频率越低的电磁波在水中的衰减越小，因此在水下环境中一般采用超低频电磁波作为信息载体进行信息传输。较长的波长意味着较大的发射天线尺寸，这在水下环境中难以实现。这种通信方式由于传输成本高、信息载量小，一般使用在军事领域的水面向水下单向信息传输场景。例如，研究者使用远距离无线电（Long Range Radio，LoRa）技术进行了跨水气界面的通信实验，系统的载波频率设置为 433MHz。在水深 1.25m之内，通信系统保持了较好的传输特性[1]。使用较高频率的无线电波实现跨水气界面的信息传输，信号一般只能在水下传输较短的距离，应用场景较为有限。

基于振动监测的跨域通信是一种新颖的跨水气界面信息传输方式。麻省理工学院在 2018 年提出了一种新颖的声射频转换通信（Translational Acoustic-RF Communication，TARF）系统，TARF 系统基于水下信息传输介质——声波在水面产生的振动，在水面使用雷达对水面的振动进行监测从而实现信息的接收。但是 TARF

系统具有较低的数据速率（约 400bit/s）[2]，并且工作时需要水面较为平静。但在实际环境中，水气界面常常处于波动状态，严苛的工作条件限制了 TARF 系统的使用。

基于可见光的跨域通信是另一种常见的跨水气界面通信技术。光在水下的传输距离在百米级，同时具有载波带宽高、通信速率高的特点。文献[3]研究了跨水气界面光通信的信道模型，并设计了一种软件定义可见光通信的原型机。以光波为载体进行跨水气界面通信时，容易受到波浪的负面影响。可见光通信是单一媒介跨水气界面通信的重要手段，现有研究已提出多种缓解气泡和波浪对光通信影响的方法。但光信号在水中始终存在无法远距离传输的问题。

综上所述，使用信号直接穿越水气界面的跨域通信方式不需要在水面部署额外的中继设备，使用较为方便。但现有技术往往存在对界面状态要求高、水下信息传输距离较短等特点，还有待开发更加实用的通信技术。

2.2.2 跨水气界面中继信息传输技术

中继信息传输技术是实现信息跨域传输的另一种重要方法。该方法一般在水面部署中继浮标，中继浮标一般具有信号转换的能力。中继浮标对信息载体进行转换以适应异构网中的不同信道传输特性，实现信息的高效转换与传输。跨水气界面的中继信息传输方式如图 2-2 所示，目前常见的跨水气界面的中继信息传输方式有磁–电中继传输、声–电中继传输等。

（a）磁–电中继传输

（b）声–电中继传输

图 2-2 跨水气界面的中继信息传输方式

磁感应无线通信技术利用磁感线圈感应磁场分量完成信息传输。磁感应通信具有设备小型化、不易受水文环境影响、低时延、高传输速率等特点，在水下无线通信领域中受到了广泛关注。最早的水下无线磁感应通信技术是由 Sojdehi 等[4]在 2001 年提出的，研究表明，电磁波信号和磁感应信号的传播原理是不同的。文献[5]提出了一种采用磁感应通信方式进行跨水气界面通信的方式，其中分析了磁感应跨界传播特性，开发了一套跨水气界面的磁感应通信测试系统，并在一个水池中完成了水下到空中的磁感应通信系统测试。实验结果表明，磁感应信号受时变和多径信道的影响较小，验证了磁感应信号在水下混合信道中具有很好的传播特性。文献[6]建立了一个准确而全面的水下磁感应通信信道模型，定量地表征了浅水水域中横波的影响，考虑了在有损水介质下的天线模型。但较短的通信距离限制了水下磁感应通信的应用。

采用声电浮标中继的信息传输方式，是目前最成熟的跨水气界面信息传输技术手段。Vasilijevic 等[7]提出了一种水面浮标机器人，可以为水下用户提供互联网接入服务。许多经典的水下路由协议常常使用搭载水声通信设备和水面无线电通信设备的浮标节点作为信宿，进行海洋信息的跨界传输。Wang 等[8]介绍了一种 UAV 辅助收集水下传感器数据的方式。水下数据通过水声链路传递到水面节点，水面节点随后通过无线电链路将数据传输给 UAV 完成收集。上述文献给出了水下节点与水面节点之间一跳链路的连通性表达式，以及水面节点与 UAV 之间一跳链路的连通性表达式，但只是两个链接的结合。文献[9]首次提出了声电协同的网络架构设想，指出 ARCCNet 的性能瓶颈在于水下声信号的通信链路。声电协同海洋信息传输网络通过声、电链路的协同协作，以无线电网络资源替换水声网络资源，从而提升网络的整体性能。声电协同不仅是实现空、海一体化网络融合的有效方法，也是实现海洋网络通信、计算和存储融合的重要方法。

综上所述，磁–电中继传输的通信方式具有快速响应的特点，但磁场的作用距离有限，不适合水下远距离的通信。虽然水声通信具有高时延、低带宽等局限性，但水声通信技术是唯一可以在水下环境中进行中远距离通信的信息传输技术。声–电中继传输技术是目前应用最广泛的跨水气界面信息传输技术。

2.3　ns-3 仿真平台及相关模块

2.3.1　ns-3 仿真软件简介

在计算机网络中，未经验证的协议成功与否存在不确定性，不能在现实环境大规模应用。因此，新协议必须通过仿真工具进行建模和测试。ns-3 项目始于 2006 年，作为开源项目，旨在为网络研究和教育提供一个开放、可扩展的网络仿真平台。

ns-3 仿真软件是一个离散事件网络模拟器，其仿真的核心功能和模型是用 C++语言实现的。但 ns-3 主要用于 Linux 系统，没有图形化用户界面，实质上更像是一个程序库，提供各种用于网络仿真的应用程序接口（Application Program Interface，API）。为了方便编译和运行，可以借助 Eclipse 开发工具，同时推荐使用 PyViz 或 NetAnim 等可视化工具进行动画演示，能更清晰、直观地了解网络拓扑结构和节点间的数据流向。

ns-3 模型是现实世界中对象、协议、设备等的抽象表示。ns-3 项目的源代码主要存放在 src 目录下，子目录为模块名，仿真不同的场景需要调用不同的模块。ns-3 的软件结构如图 2-3 所示[10]。仿真的核心功能在 src/core 中实现，如属性变量、trace 变量、Logging 系统和回调函数等。ns-3 的基本网络组件在 src/network 中实现，如网络节点、数据包和地址等。core 和 network 模块作为底层模块包含仿真所需要的基本元素，可以为其他模块提供服务，并可用于不同类型的网络。

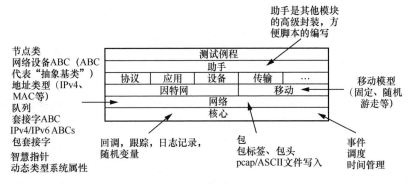

图 2-3　ns-3 的软件结构[10]

在 ns-3 中，一个网络仿真场景由节点、节点中的协议栈、数据包和连接节点的信道等多个网络元素构成，每个网络元素对应一个 C++类（见表 2-1）[10]。图 2-4 展示了 ns-3 的基本模型架构，表明了数据流的传递机制。源节点（Source Node，SN）的应用层产生数据包，使用 Socket 类 API 下发给协议栈，在每层协议中添加头部信息后递交给网络设备。数据包被转换为比特流，经过调制后通过信道传输。当目的节点（Destination Node，DN）接收到转发的数据包时，网络设备将解调数据，并逐层上传给协议栈，去除头部信息后到达应用层，完成数据接收工作。

表 2-1　ns-3 主要网络元素对应的 C++类

网络元素	C++类
网络节点	Node
网络设备	NetDevice
应用程序	Application
数据包	Packet
通信信道	Channel

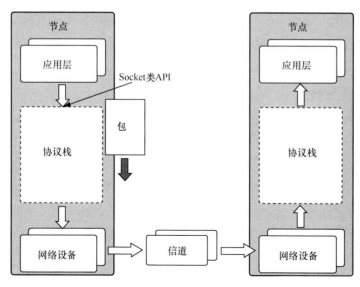

图 2-4　ns-3 的基本模型架构

2.3.2 UAN 模块

ns-3 中的水声网络（Underwater Acoustic Network，UAN）模块使研究人员能够对各种水下网络场景进行建模。UAN 模块主要分为 4 个部分：水声信道模型、物理层（PHY）模型、MAC 模型、AUV 模型。UAN 模块试图提供一个可靠、现实的工具，例如，提供了水声信道的精确建模、伍兹霍尔海洋研究所（WHOI）声学调制解调器模型及其通信性能，以及一些 MAC 协议等。UAN 模块的源代码位于 src/UAN 目录中。

1. 水声信道模型

水声信道模型包括 3 种：理想信道模型（ns3::UanPropModelIdeal）、Thorp 传播模型（ns3::UanPropModelThorp）和 Bellhop 传播模型（ns3::UanPropModelBh）。信道模型提供了功率时延分布模型和路径损耗信息，然后使用它们计算一段时间内接收到的信号功率，即在符号持续时间内接收到的信号功率和邻近信号的符号间干扰（Intersymbol Interference，ISI）。理想信道模型使用脉冲功率时延分布，并假设在一个圆柱形区域内路径损耗为 0，圆柱的边界由属性设置。Thorp 传播模型假定有信道冲激响应，并采用著名的 Thorp 公式来近似计算水声信道的路径损失。Bellhop 传播模型从数据库读取传播信息与声速剖面、水深等水声信道的环境信息，并利用高斯射线追踪算法确定传播信息。

2. PHY 模型

PHY 模型的主要组件是通用的 PHY 类（ns3::UanPhyGen）。PHY 类的主要职责是获取数据包并判断数据包能否被成功接收，同时将成功接收的数据包转发到 MAC 层。PHY 模型结合信干噪比（Signal to Interference plus Noise Ratio，SINR）模型和包错误率（Packet Error Ratio，PER）模型来判断数据包能否被成功接收。

PER 模型有两种：默认 PER 模型（ns3::UanPhyPerGenDefault）和 FH-FSK PER 模型（ns3::UanPhyPerUmodem）。默认 PER 模型根据一个阈值来测试数据包，如果 SINR 低于阈值，则接收失败，数据包全部丢失；如果 SINR 高于阈值，则接收成功，数据包可以无误码获取。FH-FSK PER 模型可以计算出错概率，它假设一个约束长度为 9、码率为 1/2 的卷积码,并且能够用循环冗余校验(Cyclic Redundancy Check,CRC)检测纠正 1 比特错误,这类似于 WHOI 调制解调器中的设计。

SINR 模型有 3 种:默认 SINR 模型(ns3::UanPhyCalcSinrDefault)、FH-FSK SINR 模型(ns3::UanPhyCalcSinrFhFsk)和频率过滤 SINR 模型(ns3::UanPhyCalcSinrDual)。默认 SINR 模型假设所有传输的能量都在接收端捕获,并且没有符号间干扰。任何信号干扰都可被当作加性环境噪声处理。FH-FSK SINR 模型的 WHOI 调制解调器使用一个预定的调频图案,并由网络中的所有节点共享。计算接收信号功率时只包括一个符号时间内接收的信号能量,并通过其建模,在符号时间内到达的干扰信号被算作加性环境噪声。任何到达的相邻信号的信号能量也都被认为是符号间干扰,并被视为加性环境噪声。频率过滤 SINR 模型计算信干噪比的方式与默认 SINR 模型相同,但是它在计算干扰时只考虑到达数据包有重叠的情况。

3. MAC 模型

MAC 模型包含了 3 个 MAC 协议: Pure ALOHA 协议(ns3::UanMacAloha)、CW-MAC 协议(ns3::UanMacCw)和 RC-MAC 协议(ns3::UanMacRc、ns3::UanMacRcGw)。Pure ALOHA 协议不检测数据包的收发冲突,节点只要有发送需求,就可以实现即时传输。CW-MAC 协议采用了冲突回退窗口机制,如果节点感知到信道繁忙,就会存储数据并随机退避一个时隙,等待数据传输。RC-MAC 协议是一种预留信道协议。假设某网络有一个网关节点和一个网络邻居,该网络所有的流量都要到达这个网关节点。该协议采用了请求发送(Request to Send,RTS)/允许发送(Clear to Send,CTS)握手协议,并将时间分成多个周期。在一个新的周期开始时,非网关节点在控制通道上与上一个周期计划传输的数据包并行地传输 RTS 报文。网关节点在数据通道上发送一个 CTS 报文进行响应,其中包含上一个周期接收到的 RTS 报文的数据包传输次数以及带宽分配信息。在一个周期结束时,对接收到的数据包发送肯定应答(Acknowledgement,ACK)报文。

4. AUV 模型

AUV 模型包括 AUV 移动模型(ns3::AuvMobilityModel)和 AUV 能量模型

（ns3::AuvEnergyModel）。AUV 模型对两大类 AUV 进行建模：电动马达驱动的水下航行器（REMUS）和海洋滑翔机（Sea Glider）。AuvMobilityModel 接口是由 RemusMobilityModel 类和 GliderMobilityModel 类实现的。这两个类保存了两个不同 AUV 的导航参数，如最大俯仰角、最大工作深度、最大和最小速度值，此外，海洋滑翔机还可以额外设置最大浮力值、最大和最小滑翔斜率。RemusEnergyModel 根据当前速度计算功耗，GliderEnergyModel 根据当前浮力值和垂直速度计算功耗。在 ns-3 仿真过程中，UAN 模块传递数据包时函数的调用过程如图 2-5 所示。

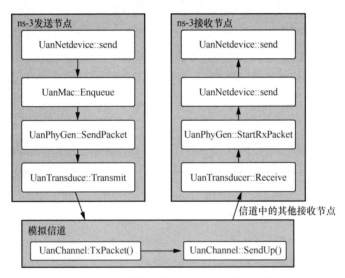

图 2-5　UAN 模块传递数据包时函数的调用过程

2.3.3　Wi-Fi 模块

在 ns-3 中，为了创建基于 IEEE 802.11 的基础设施和 Ad-hoc 网络模型，可以在脚本中为节点添加 WifiNetDevice 对象。节点可以在不同的通道上拥有多个 WifiNetDevice，并且 WifiNetDevice 可以与其他设备类型共存。WifiNetDevice 及其模型的源代码位于 src/wifi 目录中。Wi-Fi 模块的代码实现主要分为 3 个子模型：PHY 模型、MAC low 模型和 MAC high 模型。WifiNetDevice 的总体架构如图 2-6 所示[10]。

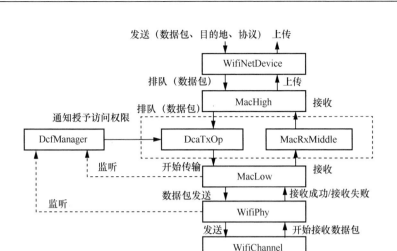

图 2-6　WifiNetDevice 的总体架构[10]

1. PHY 模型

PHY 模型主要负责对数据包的接收进行建模和跟踪能量消耗，具体包括计算发射功率、发送时延和接收功率阈值等，其基本接口定义在 ns3::WifiPhy 中。为了模拟信道上的数据包丢失行为，WifiPhy 需要指定错误模型。目前有两种 WifiPhy 的实现模型：Yans 物理层模型（ns3:: YansWifiPhy）和频谱物理层模型（ns3::SpectrumWifiPhy）。两者的区别在于其信道模型不同。对于只涉及 Wi-Fi 信道上的 Wi-Fi 信号模拟、不涉及频率依赖的传播损耗或衰落模型，YansWifiPhy 框架是一个合适的选择。对于涉及同一信道上的混合技术或频率依赖效应的模拟，SpectrumWifiPhy 更合适。YansWifiPhy 是最常用的 PHY 模型。Wi-Fi 信道模型（ns3:: WifiChannel）用于模拟 Wi-Fi 信道，属于物理层的一部分。WifiChannel 的主要配置有传播损耗模型和传播时延模型，被分别用来计算一个数据包的接收功率和传播时延。WifiPhy 负责实际发送和接收来自 WifiChannel 的无线信号。

YansWifiChannel（ns3::YansWifiChannel）是 YansWifiPhy 的内嵌信道模型类。YansWifiChannel 的实现使用 ns-3 propagation 模块中提供的传播损耗和时延模型。YansWifiPhy 负责接收从 MacLow 传递给它的数据包，并将它们发送到它所附加的 YansWifiChannel。它还负责从该通道接收数据包，根据接收到的信号强度和噪声来决定每一帧是否成功解码。如果接收被认为是成功的，则将数据包传递给 MacLow，否则就丢弃该数据包。拟接收信号的能量由发射功率计算，并根据发射机的发射（Tx）增益、接收机的接收（Rx）增益和任何有效的路径损耗传播模型进行调整。

2. MAC low 模型

MAC low 模型可以模拟介质访问、RTS/CTS 和 ACK 等功能。低层 MAC 被进一步细分为 MAC low 和 MAC middle，信道访问被分组到 MAC middle。MAC low 模型主要分为 3 个部分：MacLow（ns3::MacLow）、DcfManager（ns3::DcfManager），DcfState（ns3::DcfState）、DcaTxop（ns3::DcaTxop）和 EdcaTxopN（ns3::EdcaTxopN）。MacLow 主要负责 RTS/CTS/DATA/ACK 等信令帧的接收和发送。DcfManager 和 DcfState 分别实现分布式协调功能和增强分布式信道访问功能。IEEE 802.11 分布式协调函数用于计算何时授予传输介质访问权。DcaTxop 和 EdcaTxopN 用于数据包的发送，即处理数据包队列、数据包分片和数据包重传。

3. MAC high 模型

MAC high 模型在 Wi-Fi 中实现非时间敏感的过程，如 MAC 层信标生成、探测和关联状态机，以及一系列速率控制算法。MAC high 模型提供 3 种 Wi-Fi 拓扑元素：接入点（Access Point，AP）（ns3::ApWifiMac）、非 AP 站（STA）（ns3::StaWifiMac）和独立基本服务集［（Independent Basic Service Set，IBSS），也称为 Ad-hoc 网络］（ns3::AdhocWifiMac）中的 STA。

ApWifiMac 实现了周期性信标生成，并接受每个关联尝试。移动节点必须通过 AP 与其他节点通信。StaWifiMac 实现了主动探测和关联状态机，并在错过太多信标时进行自动重新关联操作。AdhocWifiMac 不执行任何类型的信标生成、网络探测或节点关联操作。移动节点之间可以直接进行通信，因此 IBSS 中的 STA 是 3 种 Wi-Fi 拓扑元素中最简单的。

速率控制是 Wi-Fi 模块中的一项核心功能，它可以让节点根据网络环境（如信道质量、干扰等）动态选择最佳数据包发送速率。Wi-Fi 模块支持多种速率控制算法，例如，恒速率控制算法对每个数据包都使用相同的传输模式，理想的速率控制算法根据前一个发送数据包的信噪比选择最佳模式。Wi-Fi 节点默认使用的是自动速率回退算法。

在 ns-3 仿真过程中，Wi-Fi 模块传递数据包时函数的调用过程如图 2-7 所示。

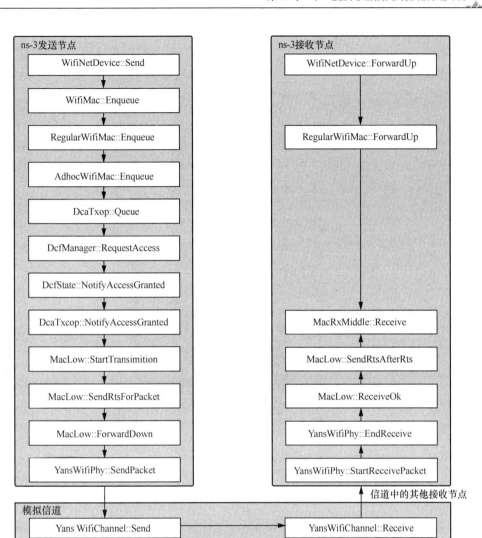

图 2-7　Wi-Fi 模块传递数据包时函数的调用过程

2.4　声电协同通信网络架构

　　声电协同通信网络重点关注海洋水下场景中的网络覆盖，是空、天、地、海、潜一体化网络的重要组成部分。图 2-8 展示了声电协同通信网络的框架结构，该网络中存在空气和海水这两种特性相差较大的通信介质,以海面为分界线,分为水声网络和水上无线电网络。声电协同通信网络中存在 3 种类型的节点,即水上节点(空间/空中/地面节点)、水面节点和水下节点。水上节点包括陆地基站及控制中心、陆上车辆、卫星、飞机、UAV、飞艇和气球等。水面节点包括舰船、浮标节点和无人水面航行器(Unmanned Surface Vehicle,USV)等。水下节点包括固定在海底的传感器节点、载人潜航器(Human Occupied Vehicle,HOV)、AUV、ROV、无人水下航行器(Unmanned Underwater Vehicle,UUV)等。

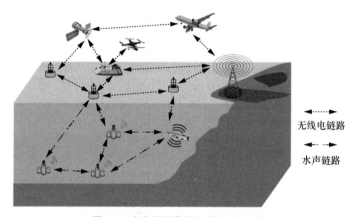

图 2-8   声电协同通信网络的框架结构

　　声电协同通信网络的节点构造如图 2-9 所示。水上节点配备无线电网络设备,具备电磁波通信的能力。水面节点配备水声网络设备和无线电网络设备,具备声波通信和电磁波通信的能力。它们作为中继节点对不同的信号进行转换,主要负责声电协同通信网络的跨域信息传输任务。水下节点配备水声网络设备,具备声波通信的能力。

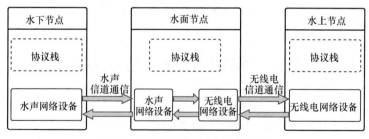

图 2-9   声电协同通信网络的节点构造

　　水声信道的带宽受环境噪声和频率相关传输损耗的限制。因此，水声信道的适用带宽也是频率相关的。在几千米的传输距离下，典型的适用带宽为 10～20kHz，远小于无线电信道的带宽。为了进行更具体的比较，本节比较了典型的无线电通信和水声通信方案在 2km 左右距离下的带宽、数据速率、时延和传输功率。表 2-2 总结了典型无线电通信和水声通信系统关键参数的比较（通信距离约为 2km）[11]。可以看出，无线电通信系统的传输速率和能量效率（即发射功率/传输速率，以 W/(bit·s) 为单位）比水声通信系统高出大约 4 个数量级。无线电链路的数据传输效率远高于水声链路。

表 2-2　典型无线电通信和水声通信系统关键参数的比较（通信距离约为 2km）[11]

参数	Evologics S2CR 15/27 水声通信机	Teledyne ATM-900 系列水声通信机	LTE-Advanced 小基站	IEEE 802.11n 网桥
带宽	12kHz	5kHz	≤100MHz	20/40MHz
传输速率	9.2kbit/s	≤15.36kbit/s	≤1Gbit/s	72～600Mbit/s
时延	≈1.3s	≈1.3s	6.7μs	6.7μs
发射功率	≈5W	NA	≈2W	≈2W

　　声音在水中的传播速率约为 1500m/s，远低于无线电的传播速率（3×10^8 m/s）。声学网络中数据传输的端到端时延可能以 s 为单位，基于接收端反馈信息的传统信令交换可能是低效的，这是因为有大量的时间资源用于等待反馈信令。为了提供更高效的水下互联网接入，有必要减少信令开销或开发新的水声网络信令系统。此外，在水声通信中，垂直方向的传输比水平方向的传输更有效。研究表明，垂直传输的主要特征是杂乱的信道时间色散，而水平信道由于超长的多径传播更容易失真。特别是，无论是在深水还是浅水中，水平信道的时空变化都比垂直信道快得多。仿真研究表明，在相同的传输距离和相同的误码率要求下，垂直传输的传输功率可以比水平传输低 3dB[12]。例如，在图 2-10 中，通信节点对（①、③）存在两种不同的传输路径，路径 1 为①→④→⑤→③，路径 2 为①→②→③。根据以上分析，对于图 2-10 中的通信任务，路径 1 即使跳数更多，也可能比路径 2 更合适。ARCCNet 中的路由算法，应具有找到路径 1 的能力。

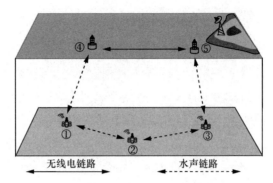

无线电链路　　　　　　　　　　水声链路

图 2-10　声电协同通信网络中不同传输路径的比较

　　因此，在声电协同通信网络中，水声链路是制约整个网络传输性能的瓶颈。通常情况下，水声链路会很容易拥塞，而同时水上无线电链路始终处于空闲状态。在路由选择中，应限制水声链路的信令及数据交换，数据流应尽可能定向到水上无线电链路。选择和设计合适的路由协议在任何网络中都是至关重要的。声电协同通信网络的协议设计应考虑以下原则。

　　（1）尽量减少水声链路的跳数。由于水声信号的传播速度较慢，水声网络中的端到端时延较高。同时现有研究表明，随着跳数的增加，网络吞吐量（Network Throughput，NT）会显著降低。

　　（2）尽量减少水声网络中的信令交互。这是为了减少水声网络中的信令流量，使水声网络资源只用于必不可少的数据交换，减少不必要的能量消耗。

　　声电协同通信网络中的所有节点配备定位设备，能够获取节点相应的三维坐标。在实际场景中，水上节点及水面节点可以借助全球定位系统（Global Positioning System，GPS）实现同步及定位以获取自己的三维坐标，水下节点可以采用长基线定位系统、短基线定位系统、超短基线定位系统等水下定位技术实现水下三维坐标的获取。例如，可以利用声源信号到达不同水面节点存在时间差的特点，使水面节点可以获取水下节点的位置信息，并回传给水下节点。基于以上设定，声电协同通信网络的组网协议设计有与以往不同的思路，例如，在典型的接入与路由协议设计方面有以下可能的思路。

　　（1）多点协作接入。对于声电协同通信网络中的水声子网和无线电子网，现有针对纯水声网络和纯无线电网络的接入协议仍然适用。当水声接入场景是水下向水面接入的特定场景时，基于无线电链路低时延、高带宽的特性，可以引入多点协作接入模式。协作多点（Coordinate Multi-Point，CoMP）技术最初是为了提高陆地无线系统的容量。在 CoMP 中，假设基站（或接入点）已使用高速电缆或光纤连接，因此它们可以即时共享信息。一组在空间上相邻的基站通过协作形成虚拟多天线系统，该系统的多个天线阵元以协作方式向一个终端发送经过编码的信号，或同时接收同一个终端的信号并将多个天线阵元的接收信号合并以提升接收性能。在声电协同通信网络中，无线电链路有更高的传输速率，可以被当作骨干链接。由于水声信号的广播特性，一个水下节点的信号可以被多个相邻的水面节点接收，因此多个水面节点可以通过信号共享、合并等手段来提升接收性能，其思路和无线电系统的 CoMP 技术类似。

具体而言，多点协作接入有不同的形式，多点协作接入示意图如图 2-11 所示。图 2-11（a）给出了上行链路传输协作的示意图，即水声链路信号从水下传输到水面。假设水声上行链路信号可以被多个水面节点同时接收，多个接收节点交换其接收信号并同时执行解调算法，则水面节点组可以形成一个虚拟接收机阵列并获得多接收机分集。图 2-11（b）给出了下行链路传输协作的示意图，有两种下行链路协作机制。当水面节点组仅服务于一个水下节点时，水面节点可以同时处理传输的信号，利用空时编码技术进行协作发送。当水面节点组为多个水下节点提供服务时，可采用更复杂的技术，如干扰对准和消除。图 2-11（c）是接入点选择示意图，在该技术中，水面的水声通信机配置了定向声学换能器，因此它们可以为不同的水下节点提供通信服务，只要传输波束不相互干扰。

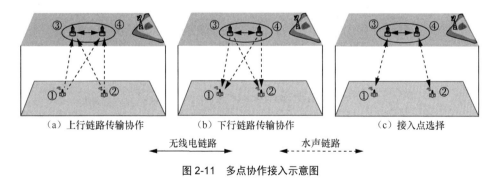

（a）上行链路传输协作　　　（b）下行链路传输协作　　　（c）接入点选择

◄── 无线电链路 ──►　　　◄── 水声链路 ──►

图 2-11　多点协作接入示意图

（2）协作机会路由。传统的路由依赖网络拓扑信息。这种信息通常是通过相邻节点之间的周期性信令交换来获得的。然而，机会路由利用了无线介质的广播特性。

不是在每次传输时预先选择指定的中继节点，而是广播数据包，随后有多个中间节点收到该数据包，通过某种机制在中间节点间形成转发候选中继节点集，然后，将从这组候选中选择实际的数据包转发节点。与传统路由方法相比，许多因素使得机会路由成为移动和动态无线网络中的最佳路由选择。

机会路由已应用于水声网络。由于机会路由协议在选择中继候选集合时需要传感器节点之间的许多信令交换，因此声学信号缓慢的传播速度导致建立路由的时延长。针对声电协同通信网络的特性及近海应用特性，一种适用于声电协同通信网络的机会路由机制如图 2-12 所示，当节点①向节点②发送数据帧时，如果在一跳水声链路范围内找不到目标节点，则直接将数据帧发送到水面节点。基于多节点协作接入方案，自然存在一组接收数据帧的水面节点。然后，这组节点根据机会路由方案转发数据帧，直到数据帧到达水下目的地节点的节点组。

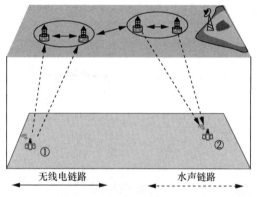

图 2-12　适用于声电协同通信网络的机会路由机制

2.5　声电协同通信网络模型的 ns-3 实现

ns-3 使用仿真脚本构建一个虚拟网络，并可以模拟相应的网络协议，编写语言主要为 C++。本节主要介绍声电协同通信网络模型在 ns-3 中的实现方法，具体包括逻辑结构和代码实现。

在声电协同通信网络模型中，水声节点和水面节点分别安装不同的协议栈，声电协同通信网络的节点协议栈如图 2-13 所示。应用层采用网络套接字与下层协议交互，以此模拟数据包的发送和接收。为了减少控制信令的发送次数，传输层采用了用户数据报协议（User Datagram Protocol，UDP）。水声链路和水上无线电链路传输的数据包在网络层统一为 IP 数据报文。水面节点被分配了两个 IP 地址，即水声网络设备和无线电网络设备各拥有一个 IP 地址，在网络中承担网关的工作。不同的网络设备用于对接不同的物理层和信道。

应用层
传输层（UDP）
网络层（IPv4）
水声MAC
水声物理层

（a）水声节点

应用层	
传输层（UDP）	
网络层（IPv4）	
水声MAC	无线电MAC
水声物理层	无线电物理层

（b）水面节点

图 2-13　声电协同通信网络的节点协议栈

　　声电协同浮标节点中有两种缓存队列，一种是网络层缓存队列，另一种是 MAC 缓存队列（如图 2-14 所示）。网络层缓存队列的作用是在路由还未建立时，存储已经产生的等待发送的数据包。MAC 缓存队列用来存储物理层设备未及时发送的数据包。所有的队列依据先入先出的准则，当队列被数据装满时，位于队列尾部的数据将最先被丢弃，这种队列也被称为丢尾队列。声电协同浮标节点根据路由协议，选择可到达下一跳节点的发送设备进行数据包转发。声电协同浮标节点中同时集成着水声通信设备和无线电通信设备，在这两种设备中分别有一个 MAC 缓存队列。水声通信机发送数据的符号速率低，通常在数百 bit/s 至数十 kbit/s 之间。在水声通信系统中，可能会出现物理层的发送速率跟不上更高层数据产生速率的情况，因此需要在链路层设置 MAC 缓存队列。

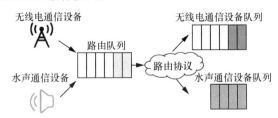

图 2-14　声电协同浮标节点的队列管理机制

声电协同通信网络模型的仿真脚本设计主要分为以下步骤。

步骤 1：创建节点。

着重关注海洋水下场景中的网络覆盖情况，节点包括两类：水声节点和水面节点。仿真脚本中使用节点容器类 NodeContainer 创建多个 Node 对象。

步骤 1　创建节点
1:　//创建 numUan 个水声节点和 numBuoy 个水面节点
2:　NodeContainer UanNode;
3:　NodeContainer BuoyNode;
4:　UanNode.Create(numUan);
5:　BuoyNode.Create(numBuoy);

步骤 2：创建物理层。

用于指定物理层的类型和设置一些物理层的关键属性。水声节点只需要创建水声物理层，而水面节点需要同时创建水声物理层和无线电物理层。

步骤 2　创建物理层
1:　//设置水声网络物理层
2:　UanHelper uanHelper;
3:　uanHelper.SetPhy("ns3::UanPhyGen", "PerModel", PointerValue(phyPer), "SinrModel", PointerValue(phySinr), "SupportedModes", UanModesListValue(myModes), "TxPower", DoubleValue(m_txPowerAcoustic));
4:　//设置水声网络信道
5:　Ptr<UanPropModelThorp> prop = CreateObject<UanPropModelThorp>();
6:　Ptr<UanNoiseModelDefault> noise = CreateObject<UanNoiseModelDefault> ();
7:　Ptr<UanChannel> uanChannel = CreateObject<UanChannel>();
8:　uanChannel->SetPropagationModel(prop);
9:　uanChannel->SetNoiseModel (noise);
10:　//设置无线电网络协议标准
11:　WifiHelper wifiHelper = WifiHelper::Default ();
12:　wifiHelper.SetStandard (WIFI_PHY_STANDARD_80211b);

13:　//设置无线电网络物理层和信道

14:　YansWifiPhyHelper wifiPhy = YansWifiPhyHelper::Default ();

15:　YansWifiChannelHelper wifiChannel = YansWifiChannelHelper::Default ();

16:　wifiPhy.SetChannel (wifiChannel.Create());

步骤 3：创建 MAC 层。

指定 MAC 层的类型和设置一些 MAC 层的关键属性。水声节点只需要创建水声 MAC 层，而水面节点需要同时创建水声 MAC 层和无线电 MAC 层。

步骤 3　创建 MAC 层

1:　//设置水声网络 MAC 层

2:　UanHelper uanHelper;

3:　uanHelper.SetMac("ns3::UanMacAloha");

4:　//设置无线电网络 MAC 层

5:　WifiMacHelper wifiMac = WifiMacHelper::Default ();

6:　wifiMac.SetType ("ns3::AdhocWifiMac");

7:　//设置无线电网络的速率控制算法

8:　wifiHelper.SetRemoteStationManager ("ns3::ConstantRateWifiManager",
"DataMode", StringValue (m_wifiPhyMode), "ControlMode",
StringValue (m_wifiPhyMode));

步骤 4：创建网络设备。

水声节点只需要创建水声网络设备，而水面节点需要同时创建水声网络设备和无线电网络设备。

步骤 4　创建网络设备

1:　//创建水声节点的水声网络设备

2:　NetDeviceContainer UanDevice;

3:　UanDevice = uanHelper.Install(UanNode, uanChannel);

4:　//创建水面节点的水声网络设备

5:　NetDeviceContainer BuoyUanDevice;

6: BuoyUanDevice = uanHelper.Install(BuoyNode, uanChannel);

7: //创建水面节点的无线电网络设备

8: NetDeviceContainer BuoyWifiDevice;

9: BuoyWifiDevice = wifiHelper.Install (wifiPhy, wifiMac, BuoyNode);

步骤 5：安装 IP 协议栈。

安装协议栈时可以选择不同的网络层路由协议。水声节点由于只有一个水声网络设备，只需要分配一个 IP 地址。而水面节点同时拥有水声网络设备和无线电网络设备，需要分配两个 IP 地址。

步骤 5　安装 IP 协议栈

1: InternetStackHelper stack;

2: //设置路由协议

3: AodvHelper aodv;

4: stack.SetRoutingHelper (aodv);

5: //为节点安装协议栈

6: stack.Install(UanNode);

7: stack.Install(BuoyNode);

8: //为网络设备分配 IPv4 地址

9: Ipv4InterfaceContainer UanNode_ipv4;

10: Ipv4InterfaceContainer BuoyUanNode_ipv4;

11: Ipv4InterfaceContainer BuoyWifiNode_ipv4;

12: Ipv4AddressHelper address;

13: //为水声节点的水声网络设备和水面节点的水声网络设备分配 IPv4 地址

14: address.SetBase("10.1.1.0", "255.255.255.0");

15: UanNode_ipv4 = address.Assign(UanDevice);

16: BuoyUanNode_ipv4 = address.Assign(BuoyUanDevice);

17: //为水面节点的无线电网络设备分配 IPv4 地址

18: address.SetBase("10.1.2.0", "255.255.255.0");

19: BuoyWifiNode_ipv4 = address.Assign(BuoyWifiDevice);

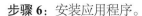

步骤 6：安装应用程序。

ns-3 支持很多内置应用层协议种类，当内置应用无法满足数据包发送和接收的需求时，可以在脚本中自定义应用层协议，包括分组收发规则、操作 Socket 原语和配置回调函数。

步骤 6　安装应用程序

1:　//设置数据包大小

2:　Ptr<Packet> packet = Create<Packet> (m_pktSize);

3:　//设置源节点

4:　Ptr<Node> srcsend = UanNode.Get(0);

5:　Ptr<Socket> socket =　m_srcsockets[srcsend];

6:　uint64_t cur_uid = packet->GetUid();

7: std::map< Ptr<Node>, std::vector <uint64_t> > ::iterator id = m_NodeSendPkt

ID.find(srcsend);

8:　id->second.push_back(cur_uid);

9:　//设置目标节点地址

10:　SendTo(socket, packet, Ipv4Address ("10.1.1.20"));

11:　//设置数据包发送间隔

12:　Simulator::Schedule (Seconds (m_pktInterval), &AodvExample::SrcNode

SendPacket, this);

步骤 7：设置移动模型。

移动模型可以定义节点的运动状态。静态节点使用固定位置移动模型，节点的位置不发生改变。移动节点的移动模型包括初始位置分布和后续移动轨迹模型，即给定一个初始坐标，节点按照设置进行随机移动或其他移动操作。

步骤 7　设置移动模型

1:　//设置移动模型

2:　MobilityHelper mobility;

3:　//设置初始位置表

4: Ptr<ListPositionAllocator> nodesPositionAlloc = CreateObject<ListPosition

---

Allocator> ();

5: nodesPositionAlloc->Add (Vector (m_length, m_width, m_depth));

6: …

7: mobility.SetPositionAllocator (nodesPositionAlloc);

8: //移动模型与水声节点和水面节点绑定

9: mobility.Install (UanNode);

10: mobility.Install (BuoyNode);

步骤 8：设置仿真器 Simulator。

步骤 8 设置仿真器 Simulator

1: //设置仿真统计数据时间

2: Simulator::Schedule(Seconds(100), &AodvExample::Calculate, this);

3: //设置仿真结束时间

4: Simulator::Stop (Seconds (totalTime+1));

至此，声电协同通信网络的代码框架已经搭建完毕。为了对网络仿真的结果进行更细致准确的分析，可以借助 Logging 系统、Tracing 系统、PyViz、NetAnim、Gnuplot 等工具。在 Eclipse 编译并运行该模拟脚本，借助 NetAnim 工具，通过读取仿真生成的.xml 格式文件，可以显示声电协同通信网络拓扑及节点间的数据流向，如图 2-15 所示。

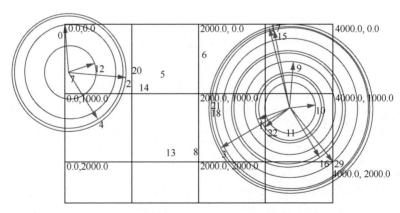

图 2-15　声电协同通信网络拓扑及节点间的数据流向

2.6　水声网络组网协议概述

陆地无线电网络的组网协议研究发展较早，其协议体系及标准化工作已经较为完善。与陆上无线电通信相比，水声网络的研究及标准化工作远远落后，无线声电协同通信网络的技术瓶颈在水声网络，下面讨论水声组网的关键难题及相关研究进展。

2.6.1　水声网络组网协议的挑战及性能指标

水声信道具有与陆上无线电通信信道不同的特殊性质，加上水下环境的复杂性，对设计水声通信网络协议提出了一系列的挑战，主要体现在以下几个方面。

1．水声信道传播时延高

声波在水中的传播速度大约是 1500m/s，声信号每传播 1km 就会产生 0.67s 的传播时延，比陆上无线信道产生的传播时延大 5 个数量级，这在 MAC 协议的设计中是无法忽略的。而且声速还受水下温度、盐度等因素的影响而动态变化，其传播时延也不是固定值。水声信道传播时延高的特点会极大程度影响 MAC 协议的性能，因此基于 TDMA 的 MAC 协议需要设置更长的时隙长度，基于握手的 MAC 协议在传输控制包时也需要更高的传播时延和设置更长的退避时间。因而设计水声通信网络 MAC 协议首先需要考虑如何处理水声通信的高传播时延问题。

2．水声信道带宽窄与传输速率低

水声信道的通信带宽很窄，一般在 kHz 量级，即使是无多径效应下的短距离通信带宽也很难达到 10kHz 以上。在这种带宽限制下，即使物理层运用 16QAM 等多载波调制技术，通信速率通常也只能达到 1~20kbit/s，而陆地无线电通信的通信速率可以达到几百 kbit/s 或更高。这就导致需要设计更高效的 MAC 协议来保证通信服务质量。

3．传输衰减大与能量供给受限

声波衰减的主要原因是扩散和吸收。声波在海水中的衰减比在淡水中的要大，这是因为海水中的盐类和海底沉积物等都会吸收声波，且声波频率越高，这种吸收程度也会越大。为了抵消声波在海水中传输的衰减，通常需要更高的发射功率，但是由于水声通信网络中的水下节点一般布置在海底等地，使用电池供电且能量有限，水下节点一般也不容易随时更换电池。

4. 时空不确定性问题

由于水声信道传播时延高，数据包到达接收端的时间不仅取决于发送时刻，也受节点间的空间分布（即发送端与接收端的距离）影响。因此根据收发节点位置分布的情况，两个发送端同时向同一接收端发送数据包，数据包的接收可能不碰撞也可能碰撞，时空不确定性示意图如图 2-16 所示。由于时空不确定性的存在，许多广泛用于陆上无线电通信网络的多址访问技术不能直接用于水声通信网络。

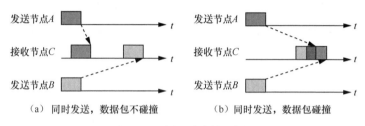

(a) 同时发送，数据包不碰撞　　　　(b) 同时发送，数据包碰撞

图 2-16　时空不确定性示意图

5. 隐藏终端问题和暴露终端问题

隐藏终端问题示意图如图 2-17 所示。当节点 A 和 B 都准备向节点 C 发送数据包时，由于节点 B 并不能感知节点 A 的动作，所以节点 A 和 B 都会发送数据包，这样可能会导致两个数据包在节点 C 处发生数据冲突，导致两个数据包均无法被成功接收。在这种现象中，节点 A 和节点 B 对于彼此就像隐藏了一样，所以称这种现象为隐藏终端问题。

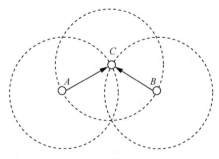

图 2-17　隐藏终端问题示意图

暴露终端问题示意图如图 2-18 所示。当节点 B 发送一个数据包给节点 A 时，节点 C 同样也能接收到这个数据包，所以节点 C 判断此时信道处于繁忙状态，进而推迟向节点 D 发送数据包。但实际上节点 C 给节点 D 发送数据包与节点 B 给节点 A 发送数据包之间不会发送数据冲突。在这种现象中，节点 B 和节点 C 对于彼此就像暴露了一样，所以称这种现象为暴露终端问题。

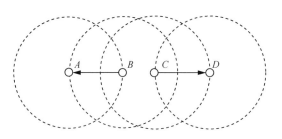

图 2-18　暴露终端问题示意图

设计协议时必须考虑如何处理隐藏终端问题和暴露终端问题。因为隐藏终端问题会导致数据包发生碰撞，而暴露终端问题使得节点不能有效复用信道，降低了信道利用率，这两个问题的出现都会降低网络的吞吐量和提高时延。

在不同场景中对水声组网协议的性能指标有不同的要求和侧重点。评价一个组网协议性能的优劣有许多指标，常见的性能指标一般包括吞吐量、平均端到端时延、平均能耗和投递率等。

1. 吞吐量

网络吞吐量是指单位时间内网络中各节点成功传输的总数据量。吞吐量越高代表在单位时间内目的节点成功接收到所需的数据量越多，网络具有更高的数据传输效率。吞吐量的表达式为：

$$吞吐量 = \frac{成功传输的数据包个数 \times 单个数据包长度}{网络运行时间} \tag{2-1}$$

2. 平均端到端时延

平均端到端时延是指每个数据包经历的从产生到被目的节点成功接收所需要的平均时间。按时间顺序排列，数据包需要经历的时延一般包括处理时延 $\mathrm{Delay_{Proc}}$、排队时延 $\mathrm{Delay_Q}$、数据包持续时间 $\mathrm{Delay_D}$ 和传播时延 $\mathrm{Delay_{Prop}}$，这些时延的总和组成端到端时延。端到端时延不能避免，只能减少，特别是在对时间敏感的应用场景中，端到端时延指标应是水声通信网络协议设计的重点之一。

$$数据包端到端时延 = \text{Delay}_{\text{Proc}} + \text{Delay}_{\text{Q}} + \text{Delay}_{\text{D}} + \text{Delay}_{\text{Prop}} \qquad (2\text{-}2)$$

$$平均端到端时延 = \frac{\sum 数据包端到端时延}{成功接收的数据包个数} \qquad (2\text{-}3)$$

3. 平均能耗

平均能耗是指网络运行期间成功接收单个数据包需要消耗的平均能量。由于水下节点频繁更换电池的难度很大，水声通信网络协议设计应该尽量提高能量利用率，通常可以通过减少控制包交互、减少数据包碰撞和使节点在空闲时进入休眠状态等方式来降低网络的平均能耗。

$$平均能耗 = \frac{网络运行期间总的消耗}{成功接收的数据包个数} \qquad (2\text{-}4)$$

4. 投递率

网络的投递率是指网络运行过程中接收成功的数据包个数与进入发送队列的数据包个数的比值，反映了网络传输数据包的效率。

$$投递率 = \frac{成功接收的数据包个数}{入队的数据包总数} \qquad (2\text{-}5)$$

2.6.2 水声网络路由协议概述

水声网络路由协议大多采用机会转发的方式，尽最大的努力交付数据包。路由算法设计的要点包括路由度量、候选节点协作方式和候选集算法。按照不同的设计要素，水声通信网络中的路由协议可以从不同角度进行分类。以度量信息为划分依据，可以分为基于深度信息、基于地理位置信息和基于跳数信息的路由协议；以候选节点协作方式为分类依据，可以分为基于编码协作、基于定时协作、基于控制包的路由协议；以候选集算法为分类依据，可以分为基于源节点（Source Node，SN）、基于目的节点（Destination Node，DN）和基于混合模式的路由协议。本节使用基于度量信息的划分方式，介绍现有水声网络路由协议。

1. 基于深度信息的水声网络路由协议

在水声网络中，一个典型的应用场景是节点将采集到的水下信息通过多跳转发的方式发送到水面节点。在这种场景下，数据流的传输方向通常是由深到浅。因此，节点的深度信息可以被用来作为路由的度量标准。配备压力传感器的水下节点可以方便地获取自身的深度信息。由于以上优势，基于深度信息的水声通信网路由协议涌现出了一系列的研究成果。

文献[13]提出了第一个利用节点深度信息对数据包进行转发的水下传感器网络路由协议，称为深度优先路由（Deep-Based Routing，DBR）协议。DBR 的基本思想是将数据包贪婪地向水面转发。这样，数据包可以到达部署在水面上的多个数据接收器。当源节点有数据需要发送时，就会将自己的深度信息放在数据包的包头中，并且广播数据包。其他节点接收到数据包后，如果接收方离水面更近，就有资格成为转发数据包的候选者，否则报文将被丢弃。不同的候选者有不同的转发优先级，节点优先级是通过保持时间来确定的。候选节点距离当前转发节点的位置越远，其保持时间越短。在保持时间内，如果节点没有从邻居处收到相同的数据包，则数据包将被广播。DBR 协议具有简单实用等优点，但在网络动态变化或稀疏拓扑的情况下，可能存在路由空洞问题，导致数据包无法被成功传输。

在此基础上，高能效深度优先路由（Energy-Efficient Depth-Based Routing，EEDBR）、深度优先多跳路由（Depth-Based Multi-Hop Routing，DBMR）、基于深度加权和分区转发的深度优先路由（Weighting Depth and Forwarding Area Division DBR，WDFAD-DBR）、可靠路径选择的机会路由（Reliable Path Selection and Opportunistic Routing，RPSOR）等基于深度信息的改进路由协议相继被提出。其中，Wahid 等[14]在 DBR 协议的基础上进一步提出了 EEDBR 协议，其特点是在下一跳转发节点选择时考虑了节点的剩余能量，进一步延长了网络的生命周期。DBMR 协议将所有深度更浅的节点包含到当前节点的转发候选集中[15]。协议在 DBR 协议的基础上加入了混合控制协作算法，在发送数据包之前，节点首先通过交互握手消息获取候选节点的信息，然后根据候选节点的剩余能量选择最优的下一跳中继转发节点。该算法优化了 DBR 协议的能效，但信息传输之前的握手过程引入了额外的时间开销。以上协议使用单跳节点信息构建数据包的转发路径，无法避免空洞转发问题。尤其是在节点部署较为稀疏的情况下，对传输性能的影响尤为严重。WDFAD-DBR

协议通过分区和加权的深度信息解决了空洞转发和局部最优问题[16]。协议根据空间特性，将候选集内的区域一共划分为 3 个子候选集，各候选节点在候选子集内通过定时候选的方式竞争数据包的转发权。协议在转发数据包时使用了两跳的邻居信息，从而排除了局部最优节点，进而解决了路由的空洞转发。然而，协议的候选集转发区域划分算法依赖节点的实时位置信息，当网络拓扑频繁变化时，协议的性能将受到较大的影响。RPSOR 协议使用机会式的转发策略[17]。该协议利用节点能量信息、节点的深度信息、最短路径信息等度量来综合选择转发候选集，并利用基于指数调整的定时候选算法竞争转发；相比于 WDFAD-DBR 协议，该协议利用跳数信息作为路由度量提升了协议的鲁棒性，但最短路径度量方式对网络拓扑的动态变化较为敏感。

空隙感知压力路由（Void-Aware Pressure Routing，VAPR）协议依据深度信息、跳数信息和方向参数选择数据包的转发路径并避免转发空洞[18]。该协议根据节点的距离信息，使用聚类方法将潜在的转发节点划分为多个候选集，使用最大化避免隐藏终端问题的候选集转发数据包。该算法对数据包在稠密的网络场景中的转发具有较好的效果。但该算法对候选集的准确划分有着较高的要求，候选集的准确划分依赖节点对邻节点及两跳邻节点链路状态的感知维护，协议在稀疏或拓扑频繁变化的网络中将受到较大的影响。

高能效协作机会路由（Energy-Efficient Cooperative Opportunistic Routing，EECOR）协议使用节点与 Sink 节点之间的距离前进度来选择转发候选集，使用节点剩余能量、链路状态等信息通过模糊逻辑方法选择优先转发节点[19]。该协议使用基于定时的候选协作方式，协作基于节点间的距离信息和到达 Sink 节点间的距离前进度信息进行。该协议的运行依赖稳定的信道参数。当信道参数发生变化时，使用接收功率估计节点间距离的方式将不再可靠，这将影响协议对数据包的有效转发。

结合 Q 学习的高能效深度优先机会路由（Energy-Efficient Depth-Based Opportunistic Routing with Q-Learning，EDORQ）协议使用机器学习算法执行机会式的候选转发[20]。该协议将所有更接近水面的节点作为转发候选节点。但是针对局部最优的空洞节点，其转发候选集将包含所有非空洞的邻节点，以应对路由空洞问题。但是该协议的候选集算法未考虑网络链路拓扑的变化，所以在动态场景下该协议的鲁棒性将受到较大的影响。

结合地理信息的协作机会路由协议（Geographic and Cooperative Opportunistic Routing Protocol，GCORP）选取所有距离水面更近的邻节点作为转发候选集，并使用链路状态、节点距离和节点剩余能量等信息对候选节点的转发优先级进行排序[21]。在转发候选集中，链路质量好、剩余能量多且距离水面更近的候选节点将具有更高的转发优先级。在数据包的传输过程中，源节点以广播的形式将数据包传输给候选节点，候选节点根据自身的转发优先级和位置信息对数据包进行定时转发。该协议中使用的链路信息依靠理论估计且依赖节点的实时位置信息，可靠性不高。因此不适用于拓扑快速变化的水下通信场景。

综上所述，基于深度信息的水声通信网路由协议具有低复杂度、高可靠性的特点，适用于大规模灵活部署的水下动态应用场景。为了解决路由空洞问题，该类协议常常需要结合其他路由度量，如节点间距离信息、节点位置信息、网络拓扑结构等信息。由于 ARCCNet 中浮标节点的深度信息为 0，基于深度信息的路由选择将不再能发挥作用。所以，基于深度信息的路由协议只适用于 ARCCNet 中的水声子网。

2. 基于地理位置信息的水声通信网路由协议

该类路由协议使用节点的三维地理位置坐标信息作为路由度量来选择转发候选集，典型的候选集选择方式有基于管道区域模型、基于扇形区域模型和基于球形区域模型等。

Nicolaou 等最早在水声通信网中提出了使用地理位置信息作为转发度量的矢量转发（Vector-Based Forwarding，VBF）路由协议[22]。VBF 协议需要节点的位置信息，水下较长的传播时延可以用来定位其他节点并建立路由。VBF 协议使用源节点和目的节点的位置信息，在两者之间创建一条虚拟的圆柱状路由管道（如图 2-19 所示）。在预先设置的路由管道半径内，沿着路由向量选取节点作为转发节点。虚拟路由管道外的节点将丢弃数据包，不参与转发过程。

VBF 协议通过虚拟路由管道里选定的转发节点参与数据包转发，从而减少了网络流量。在密集的网络中，由于存在更多潜在的转发节点，往往具有较高的分组投递率。但是在稀疏网络中虚拟路由管道内的节点较少，无法找到有效的转发节点，分组投递率会降低。如果路由中存在一个空白区域，VBF 协议将无法找到数据包到目的节点的路径，数据包将被丢弃。最重要的是，VBF 协议并不能恢复空白区域。虽然增大虚拟路由管道的半径可以避免稀疏网络中产生空隙，但会加快网络中节点的能量消耗。此外，由于虚拟路由管道附近的节点使用频率较高，报文转发会导致网络能量失衡。

在水下场景中，VBF 协议通常寻找的是一条从水下节点到水面汇聚节点的单向垂直有效路径。但在声电协同通信网络中，当两个水下节点需要借助水面节点实现跨域信息传输时，往往建立的是一条双向水平的路径，VBF 协议在声电协同通信网络中的应用如图 2-19 所示。VBF 协议引入期望因子的概念来衡量一个节点转发数据包的"合适性"。期望因子 α 定义为：

$$\alpha = \frac{p}{W} + \frac{R - d\cos\theta}{R} \tag{2-6}$$

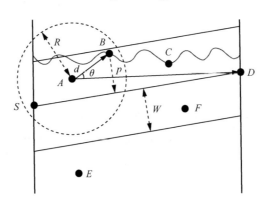

图 2-19　VBF 协议在声电协同通信网络中的应用

其中，p 为中继节点到源节点与目的节点连线的距离，W 为以源节点与目的节点连线为中轴的路由管道半径，R 为节点的通信半径，d 为中继节点与上一跳节点之间的距离，θ 为中继节点与上一跳节点和上一跳节点与目的节点之间的夹角。期望因子越小，代表该节点越适合作为中继节点进行转发。

但 VBF 协议作为机会路由协议的代表之一，采用泛洪技术，极易造成网络拥堵问题。同时由于 VBF 协议没有建立稳定的路由表项，每次数据包的传输都要重新广播，造成网络资源的极度浪费。VBF 协议在选择中继候选集时需要在中继节点之间进行多次信号交换，由于声波的传播速度较慢，可能会导致路由设置时延较高。

受到 VBF 协议的启发，学术界又提出了逐跳矢量转发（Hop-by-Hop Vector-Based Forwarding，HH-VBF）、自适应逐跳矢量转发（Adaptive Hop by Hop

Vector-Based Forwarding，AHH-VBF）、模糊逻辑矢量转发（Fuzzy Logic Vector-Based Forwarding，FVBF）等一系列路由协议。其中，HH-VBF 协议通过对管道半径的自适应调整实现对转发候选集的优化[23]。不同于 VBF，HH-VBF 协议的特点是允许每一个转发节点建立由自身指向目的节点的虚拟管道，从而实现数据包的方向性转发。该协议的候选集选择策略有效地增加了候选节点的数目，增强了协议的鲁棒性。HH-VBF 协议虽然在候选集的选择上进行了一些优化，但应对网络拓扑结构快速动态变化的能力仍然不足。AHH-VBF 协议在 HH-VBF 协议的基础上提出了一种自适应管道调整策略[24]。该协议通过动态调整节点的信号发射功率进而调节信号的转发区域，通过减小节点密集区域的转发候选集来改善冗余传输现象，通过增大节点稀疏区域的转发候选集来提升通信的可靠性。功率控制机制虽然可以有效地拓展转发候选集，但同时使网络中的干扰问题变得更加复杂。FVBF 协议综合考虑节点能耗、转发的前进度和转发节点到达目的节点的距离等因素来选择最优转发节点，从而提升网络中信息传输的能效[25]。但该协议同样未考虑如何应对路由空洞问题。VBF 协议及其衍生路由协议主要应用于向单一目的节点发送信息的应用场景，转发候选集的选择与计算依赖对目的节点和自身的精确实时定位。无论是在 UAN 还是在 ARCCNet 中，VBF 协议族都无法很好地应对网络拓扑动态变化和多目的地信息传输的问题。

结合地理信息及拓扑控制通信恢复的机会路由（Geographic and Opportunistic Routing with Depth Adjustment-Based Topology Control for Communication Recovery over Void Regions，GEDAR）是一种基于地理位置信息和机会转发的路由协议[26]。该协议通过可自主调节其深度位置的水下节点解决路由空洞问题。在数据包发送过程中，源节点在其转发候选集中划分出多个候选子集，这些子集是联通的。根据候选子集的平均前进度计算出最优的候选子集。最优候选子集内的节点根据定时协作机制计算等待时间并实现数据包的机会转发。如果高优先级节点未将数据包成功转发，低优先级节点则根据等待时间继续依次转发数据包。该协议在一定程度上解决了路由空洞问题，但是由于节点位置的调整需要较长的时间，GEDAR 协议应对网络拓扑高度动态变化的能力较差。

波束聚焦路由（Focused Beam Routing，FBR）是一种跨层机会水声路由协议[27]。

该协议将扇形区域内的邻居节点标定为候选转发集，同时使用握手机制来完成候选协作。源节点在发送数据包时，通过广播的方式向候选集中的节点发送请求消息，请求消息中包含了候选区域的信息和源节点的信息。收到该消息的候选节点回复竞争消息，该竞争消息中包含了其地理位置信息。源节点根据候选节点与目的节点间的距离信息来选择最优转发节点。该协议可以通过改变水声信号的传输方向和传输距离来增大候选区域，从而满足网络中节点较为稀疏时的信息传输需求。但握手机制的引入增加了额外的通信时延和能量开销，新增的握手信令也增加了网络中干扰碰撞的风险。因此该协议不适用于密集部署的水声通信网络。

Chirdchoo 等[28]提出了一种基于扇形且具有目的位置预测功能的路由（Sector-Based Routing with Destination Location Prediction，SBR-DLP）算法。该路由算法与大多数的基于位置信息算法的不同之处在于能够适用于完全移动的节点。在实现过程中，节点在发送数据之前先向邻居节点发送控制包来获取邻居的位置信息，并将发射区域划分成 k 个扇区。分布在不同扇区内的节点被按照优先级顺序进行排列，在回应位置信息时，按照已经排好的优先顺序依次进行回应，以减少控制包冲突。该路由算法在信息传输过程中可以控制转发方向，缩小数据包泛洪的范围，解决多个移动节点之间的转发问题，但同时也增大了网络的开销。

博弈论路由协议（Game-Theoretic Routing Protocol，GTRP）是一种候选集为球形区域的路由协议[29]。在该协议中，以转发节点指向目的节点的向量为法向量的切面来划分半球形的转发候选区域。在候选区域中，靠近目的节点的节点被允许转发数据包。同时，该协议使用博弈论优化了转发节点的竞争算法。GTRP 根据网络中的节点密度作为路由决策，因此该协议更加适用于节点密集部署的水声通信网络。

综上所述，基于地理位置的水下路由协议使用节点位置信息优化转发候选集，可以在一定程度上解决路由空洞问题和网络隐藏终端问题。但是，节点的位置信息需要使用水下定位技术获取，该类协议的可靠性依赖于定位的准确性和实时性。水声通信网络是一种能量有限系统，对节点的定位不可避免地增加了水声通信网络的能量开销，缩短网络的平均寿命。水下节点的移动性导致节点需要进行频繁的重定位，且当网络规模较大时，对所有节点的实时精确定位将变得更加困难。因此，基于地理位置信息的路由协议较为适用于节点位置较为固定且通信链路稳定性较高的网络环境。

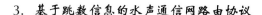

3. 基于跳数信息的水声通信网路由协议

基于跳数信息的水声通信网路由协议通过水面的 Sink 节点向网络中的其他节点广播 Beacon 消息，从而建立多个具有跳数梯度向量值的多跳信息传输路径。水下节点在进行数据包转发时，根据自身到达 Sink 节点的跳数信息，机会式地对数据包进行转发。在网络中节点较为稀疏的区域，基于跳数信息的路由可以通过周期性的信令广播调整网络的拓扑结构，增强网络的连通性，从而减少路由空洞问题的出现。在网络中节点较为密集的区域，中继节点通过跳数信息可以更加灵活地设计合理的机会转发策略。除此之外，基于跳数的水下路由协议不依赖节点的地理位置信息作为路由度量，从而节省了节点定位产生的开销，在网络拓扑高度动态变化的网络环境中具有较好的传输性能。

逐跳动态寻址路由（Hop-by-Hop Dynamic Addressing Based，H2-DAB）是一种典型的基于跳数信息的水声通信网路由协议[30]。水下节点记录来自两个 Sink 节点的距离梯度值，并通过握手的方式选择最优下一跳转发节点进行数据包的传输。在该协议中，最优转发节点由当前节点指定，这种方式未能很好地利用机会转发的特性，不能自适应地选择最佳信息传输路径。

在 H2-DAB 协议的基础上，两跳确认（Two Hop ACKnowledgment，2H-ACK）协议添加了 2 跳反馈的机制[31]。在 2H-ACK 协议中，中继转发节点在收到下一跳节点的答复信息后，向上一跳节点发送反馈消息，告知后续链路的连通状态。上游节点根据反馈消息决定是否移除该数据包。该协议通过引入反馈机制，优化了 H2-DAB 协议在传输可靠性方面的不足。但 2H-ACK 协议仍然未能很好地利用机会转发的特性。除此之外，如果反馈信息未能被成功接收，将导致数据包的冗余传输。

基于距离向量的机会路由（Distance-Vector-Based Opportunistic Routing，DVOR）协议使用跳数信息，对数据包的绕行传输和路由空洞问题进行了优化[32]。该协议在开始数据包传输之前，由 Sink 节点向水下节点广播 Beacon 消息，水下节点存储到达 Sink 的跳数信息。中继转发节点利用无线信道机会接收的特性，将通信范围内的所有低跳数节点加入候选机会转发分集中。DVOR 协议可以在一定程度上改善路由空洞问题。然而该协议未能利用深度信息，这导致部分深度更大的节点具有更高的转发优先级，在一定程度上提高了数据包传输的端到端时延。

综上所述，基于跳数信息的水声路由协议相比其他类型的路由协议具有更好的连通性，在一定程度上避免了路由的空洞转发，对动态或静态的水下网络场景都具有良好的适用性。网络拓扑的更新和跳数信息的维护依赖周期性广播的 Beacon 消息，这在一定程度上增加了水声通信系统的能量开销。

内含空洞避让的路由（Inherently Void Avoidance Routing，IVAR）协议使用节点间的距离信息和当前节点到达 Sink 节点的跳数信息作为度量标准，通过对候选转发节点进行周期性的排序来避免路由空洞问题[33]。该协议使用接收信号的强度信息对节点间的距离进行估算。由于水声信道复杂多变的环境和恶劣的通信特性，实际应用中节点距离的估计往往不够准确。

4. 基于学习的水声通信网路由协议

水下通信网路由协议设计常用的智能算法一般有基于强化学习的智能算法、基于启发式学习的智能算法、基于模糊逻辑的智能算法和基于神经网络的智能算法。基于模糊逻辑和基于神经网络的智能算法一般不直接用于信息传输路径的规划，一般只为下一跳节点的选择提供决策依据。本节介绍了一些水下通信网中基于强化学习和基于启发式学习的路由协议。

Hu 等[34]在水下传感器网络（Underwater Sensor Network，UWSN）中提出了一种基于强化学习的自适应、节能和生命周期感知路由协议 QELAR。在整个路由过程中考虑每个节点的剩余能量以及一组节点之间的能量分布来计算奖励函数，这有助于为数据包选择合适的转发节点。网络中的节点负责学习环境以采取最佳行动并逐步提高整个网络的性能。该文在 Aqua-sim 平台上对 QELAR 协议进行了模拟测试，并在数据包传输速率、能效、时延和网络寿命方面与现有的路由协议（VBF）进行了比较。结果表明，QELAR 的寿命比 VBF 平均长 20%。

Alsalman 等[35]提出了一种基于机器学习的平衡路由协议（Balanced Routing Protocol Based on Machine Learning，BRP-ML），旨在降低 UWSN 的网络时延和能耗。该协议考虑了 UWSN 环境特性，如功率限制和时延，同时考虑了路由空洞问题。BRP-ML 中的通信技术基于机器学习（Machine Learning，ML）技术，具有稳定可预测的信道响应和低信号传播时延等优点。仿真结果证实，与 QELAR 相比，BRP-ML 将时延降低 18%，能效提高 16%。

Jin 等[36]在 UWSN 中提出了一种基于强化学习的拥塞避免路由

（Reinforcement-Learning-Based Congestion-Avoided Routing，RCAR）协议，其目的在于降低端到端时延和能量消耗。该协议应用强化学习，通过逐跳探索，收敛到从源节点到水面 Sink 节点的最优传输路径。RCAR 协议定义了一个强化学习中的奖励函数。在该函数中，为了做出适当的路由决策，拥塞和能量都被考虑在内。为了加快算法的收敛速度，RCAR 协议引入了一个可变半径的动态虚拟路由管道，该半径与发送节点邻居的平均剩余能量有关。在基于跨层信息的 RCAR 协议中，提出了一种基于 MAC 层握手的信息更新方法，保证了路由决策的最优性。仿真结果表明，所提出的 RCAR 协议在收敛速度、能量效率和端到端时延方面都优于逐跳矢量转发（HH-VBF）协议、QELAR 协议和 GEDAR 协议。

Faheem 等[37]在 UWSN 中提出了一种新的动态萤火虫交配优化路由协议，称为 FFRP。FFRP 在数据收集过程中采用基于自学习的动态萤火虫交配优化智能来寻找高度稳定可靠的路由路径，使数据包绕过 UWSN 中的连接空洞和阴影区。FFRP 通过在大规模网络中均衡数据流量负载，最大限度地降低了信息传输过程中的高能耗和时延问题。此外，水声节点之间高度稳定的链路上的数据传输提高了 UWSN 的整体数据包投递率（Packet Delivery Ratio，PDR）和网络吞吐量。该文通过 ns-2 和 Aqua-sim 2.0 在 UWSN 中进行了多次仿真实验，验证了 FFRP 与现有方案的有效性。仿真结果表明，与现有的 UWSN 路由协议相比，FFRP 在数据包投递率、网络吞吐量、端到端时延和能效方面具有更好的表现。

综上所述，基于强化学习的智能路由协议的通信和计算开销小，在网络规模较小或网络拓扑结构较为稀疏的场景下较为适用，而在网络规模较大或者节点部署较为密集的场景下，该路由协议将具有较慢的收敛速度。启发式学习算法具有快速收敛的特性，这使得基于启发式算法的路由协议能够应用于多尺度网络。但在基于启发式算法的路由协议的学习过程中，需要网络中的节点交互大量的信息。特别是当网络拓扑发生局部变化时，路由调整速度较慢。

2.6.3　水声网络 MAC 协议概述

作为水声通信网络的底层协议，MAC 协议的作用是制定规则让多个节点共享信道资源。为了适应不同的网络场景和提高网络性能，学者们提出了许多不同类型的 MAC 协议。按照信道的访问方式，MAC 协议被划分为无竞争的 MAC 协议、基于竞争的 MAC 协议、混合型 MAC 协议和跨层 MAC 协议，每个分类都有其子类别，水声通信网络 MAC 协议分类示意图如图 2-20 所示。

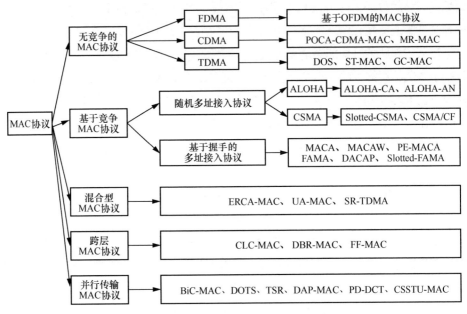

图 2-20　水声通信网络 MAC 协议分类示意图

1. 无竞争的 MAC 协议

在无竞争的 MAC 协议中，信道资源是为特定用户预留的，其主要思想是将信道资源按照一定规则从频率、时间或码元层面来划分为小段，并分配给各个节点，节点只在分配给自己的段内访问信道。无竞争的 MAC 协议可以允许节点多次传输而不交换消息，但是如果节点在段内没有数据可发送，则会浪费网络资源，因此无竞争的 MAC 协议更适用于规模较小的静态网络。常见的无竞争的 MAC 协议通常可以分为频分多址（Frequency-Division Multiple Access，FDMA）、码分多址（Code-Division Multiple Access，CDMA）和时分多址（Time-Division Multiple Access，TDMA）协议。

如图 2-21（a）所示，FDMA 协议将信道频带划分为若干频带，并为每个节点分配一个频带小段。FDMA 协议使得每个节点使用唯一的频段在各方之间交换数据包，从而保证节点之间无碰撞，FDMA 协议还在每个频带小段之间分配少量未使用的带宽作为保护带，以避免不同节点之间的干扰，这种方式降低了可用带宽。由于声波带宽有限，FDMA 协议可能不适合许多水下应用场景。如图 2-21（b）所示，由于正交频分多址（Orthogonal Frequency-Division Multiple Access，OFDMA）提供了多用户能力，可以在资源受限的水声通信网络中提供无干扰的信道共享能力并提高频谱效率，一些基于 OFDMA 的水声通信 MAC 协议被提出。Khalil 等[38]提出了一种基于 OFDMA 信令方案的 MAC 协议，该协议可以根据随机模式、均等机会模式和节能模式 3 种不同的操作模式优化子载波的选择，以达到优化传输效率或保证节点公平接入等效果。Zhang 等[39]提出了一种用于水声通信下行链路的自适应 OFDMA 协议，该协议利用信道的局部状态信息反馈或信道的长期统计信息来进行自适应资源分配，在功率和吞吐量的约束下最小化误码率，其性能明显优于静态交织分配方案。

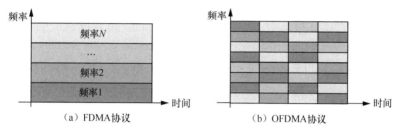

图 2-21　FDMA 和 OFDMA 协议

　　CDMA 协议如图 2-22 所示，CDMA 协议为每个节点分配唯一的地址码，允许多个节点利用整个带宽并发传输数据包。CDMA 协议通常会使用伪随机码作为地址码，而为了解决地址码分布问题，节点可以侦听到自己传输范围内的报文以了解网络的状态，并可以避免使用和自己两跳邻居相同的地址码。为了减少冲突和提高能耗效率，CDMA 协议必须使用功率控制算法为每个节点分配合适的输出功率。CDMA 协议的优势是通信抗干扰能力强且保密性高，能耗较小。CMDA 协议的劣势在于需要配备较为复杂的发射机和接收机，设备成本较高，且容易受到远近效应的影响。

　　Fan 等[40]提出了 POCA-CDMA-MAC 协议，通过使用 CDMA 协议技术和循环方法，允许节点同时接收多个来自不同邻居的数据包，并使用了较短的扩频码来降低冲突。Ma 等[41]设计了一种基于 CDMA 协议的 MR-MAC 协议，MR-MAC 协议根据收发节点的链路长度可以动态地调整传输速率。MR-MAC 协议采用协商机制在不同链路之间切换传输速率，并使用混沌序列作为扩频码以降低误码率。

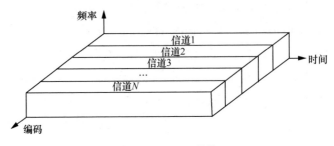

图 2-22 CDMA 协议

TDMA 协议如图 2-23 所示，TDMA 协议将信道时间划分为若干时隙，为每个节点分配各自的时隙，并在每个时隙之间增加一个保护时间来避免产生跨时隙的数据冲突。每个节点都可以在其时隙内利用全部可用带宽。与 FDMA 协议相比，TDMA 协议的场景适应性更强，因为它可以将多个时隙分配给单个节点，这有助于最大限度地降低网络的总体时延。由于 TDMA 协议使节点可以根据预定的时间轮流访问信道，因此节点可以在不需要访问信道时关闭发射机来减少能源消耗。由于 TDMA 协议的节点间需要严格的时间同步，因此水声通信中的长且可变的传播时延对 TDMA 协议产生了一定限制。

图 2-23 TDMA 协议

许多基于 TDMA 协议的 MAC 协议被提出以实现信道资源的充分利用。ST-MAC 协议通过创建冲突图来对所有节点进行集中式调度，从而提高网络性能[42]。但是该算法使用了全局网络的拓扑信息，会导致高时延和低传输速率。Zhu 等[43]提出了 DOS 协议，DOS 协议是一种无竞争的按需调度 MAC 协议，协议把水下节点划分为簇，每个簇头节点使用本地信息为其簇内成员独立生成按需和无冲突的调度。DOS 协议以分布式的方式工作来避免收集昂贵的全局拓扑和流量信息，并且能适应节点的动态传输请求，提供按需调度。Alfouzan 等[44]提出了 GC-MAC 协议，GC-MAC 是一种基于 TDMA 协议的分布式调度 MAC 协议。GC-MAC 能够以分布式的方式为任何两跳邻域中的每个节点分配时隙和颜色。具有相同颜色的节点可以并行传输数据而不发生冲突，并支持空间重用。节点在某些时隙中处于唤醒状态以传输或接收数据包，在其余时隙中处于休眠状态以节能。

2. 基于竞争的 MAC 协议

在基于竞争的 MAC 协议中，当节点需要发送数据包时需要通过竞争的方式来争夺接入水声信道的机会。由于同一时间可能有多个节点发送数据包，因此当数据包传输失败时，节点会按照一定规则重新竞争接入信道并重发，直至达到重发次数上限或者成功发送。基于竞争的 MAC 协议还可以继续细分为两大类，即随机多址接入和基于握手多址接入。

基于随机多址接入的 MAC 协议又可以分成两大类别，第一类是 ALOHA 协议及其改进版协议，如避免碰撞的 ALOHA（ALOHA-CA）和提前通知的 ALOHA（ALOHA-AN）等协议[45]，第二类是载波监听多路访问（Carrier Sense Multiple Access，CSMA）协议及其改进版协议，如 Slotted-CSMA[46]和 CSMA/CF[47]等协议。

ALOHA 协议的原理如图 2-24 所示，在 ALOHA 协议中，节点不需要判断信道的状态就立即发送等待队列中的数据包，一般会使用 ACK 包对传输结果进行确认，如果发送失败则进行重传。当多个节点同时发送数据包时，ALOHA 协议不能避免冲突，导致重传的可能性很大，最终会缩短网络的生命周期，提高端到端时延。改进算法主要有 ALOHA-CA 和 ALOHA-AN 协议来减少碰撞。ALOHA-CA 协议中的节点通过关注它侦听到的每个数据包中的信息，结合各节点之间的传播时延，计算出在其他节点处接收该数据包需要持续的时间，节点因此可以选择一个合适的时间点发送数据包来避免冲突。与之类似，ALOHA-AN 协议中的节点会在发送数据包前先发送 NTF 包，并等待一段时间后再发送 DATA 数据包，NTF 包可以提前通知相邻节点避免传输可能导致冲突的数据包。

CSMA 协议的原理如图 2-25 所示，CSMA 协议中的节点在传输数据包之前通过感知信道的方式判断信道状态，如果信道处于繁忙状态，节点将随机等待一段时间并重新检查信道的状态，只有在信道被检查为空闲状态时节点才开始传输数据包。虽然 CSMA

协议避免了发送端冲突，但由于隐藏终端问题和暴露终端问题，接收端处仍然可能产生数据冲突现象。Slotted-CSMA 协议中节点的发送被限制在时隙开始以减少数据冲突。智纳纳等[47]提出了 CSMA/CF 协议，CSMA/CF 协议对网络中的所有节点进行排序来确保其数据帧传输方向相同，节点按照该顺序表传输时能够实现载波间无冲突，因此节点可以立即发送数据包，无须在前一节点传输数据包后等待一段数据包的最高传播时延。

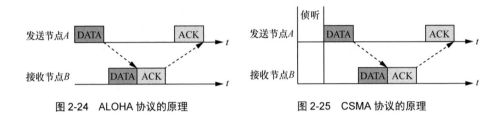

图 2-24　ALOHA 协议的原理　　　　图 2-25　CSMA 协议的原理

　　基于握手的多址接入协议在传输数据前通过交换控制包来避免冲突，这个过程被形象地称为握手，这类协议在一定程度上能解决隐藏终端和暴露终端问题。这类协议的代表是带冲突避免的多路访问（Multiple Access with Collision Avoidance，MACA）、信道获取多路访问（Floor Acquisiton Multiple Access，FAMA）及其改进版协议[48]。MACA 协议的握手机制如图 2-26 所示，MACA 协议采用 RTS 和 CTS 控制包来预留信道，源节点需要发送数据包时，会发送 RTS 包给目的节点，RTS 包携带了节点需要传输的数据包的大小等信息，其他节点侦听到 RTS 包后就可以计算出自己需要等待多久才不会影响源节点接收 CTS 包，目的节点成功接收 RTS 包后会向源节点发送 CTS 包以允许其发送 DATA 包，源节点收到 CTS 包后才可以正式传输数据包。同样，其他侦听到 CTS 包的节点也会进行退避，保证目的节点可以成功接收 DATA 包。MACA 协议解决了隐藏终端问题并提高了信道利用率，但是在 MACA 协议中控制包之间可能会发生碰撞，没有解决暴露终端问题且公平性也存在缺陷。

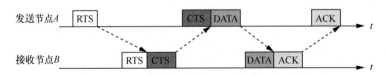

图 2-26　MACA 协议的握手机制

带无线冲突避免的多路访问（MACA for Wireless，MACAW）协议使用 RTS-CTS-DS-DATA-ACK 握手机制来传输数据，当源节点收到 CTS 包后，会先发送 DS 包来通知邻居节点自己与目的节点已成功完成 RTS-CTS 对话过程，侦听到 DS 包的邻居节点会进行退避，目的节点在成功接收 DATA 包后会向源节点发送 ACK 包进行确认。MACAW 协议可以解决暴露终端问题，并提出了成倍增长与线性减少算法来提高协议的公平性。PE-MACA 协议采用多信道模式，将信道划分为控制信道和数据信道。PE-MACA 协议在控制信道进行 RTS-CTS 对话机制，允许源节点与多个邻居节点对话，目的节点接收到多个 RTS 包时采用优先权原则来决定源节点的发送顺序，该协议可以实现高负载时的高吞吐量。

FAMA 协议通过延长 RTS 和 CTS 包的长度来避免控制包发生冲突，进一步解决 MACA 协议中可能存在的隐藏终端问题。Slotted-FAMA 按时隙划分时间，控制包和数据包都只能在时隙初发送，保证所有节点能在一个时隙内收到控制包以侦测信道状态。Slotted-FAMA 协议的握手机制如图 2-27 所示，Slotted-FAMA 采用 RTS-CTS-DATA-ACK 握手机制来传输数据。

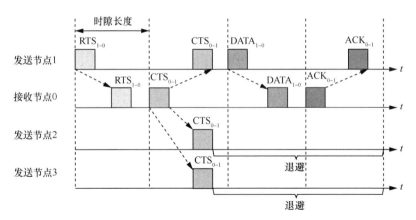

图 2-27　Slotted-FAMA 协议的握手机制

在距离感知冲突避免协议（Distance Aware Collsion Avoidance Protocol，DACAP）[49]中目的节点接收到源节点发送的 RTS 包后会立即回复 CTS 包，若在等待 DATA 包时接收到其他节点发送的控制包，目的节点会向源节点发送一个 WARN 包，源节点在收到 WARN 包后将推迟传输 DATA 包。DACAP 通过自适应调整握手时间来避免数据冲突，比 FAMA 协议提供了更大的吞吐量。

基于握手的多址接入协议不需要使用时间同步算法，但是通信过程需要交互大量控制包，在密度较高的水声通信网络中性能表现较差。

3. 混合型 MAC 协议

在无竞争的 MAC 协议中节点使用分配给自己的调度方案共享信道资源，而基于竞争的 MAC 协议通过随机访问接入信道或通过握手的方式保留信道。无竞争的 MAC 协议通过划分水声信道可以实现无碰撞传输，不适用于动态变化的大型水声通信网络。基于竞争的 MAC 协议不需要精确的时间同步机制，能比较好地适应动态拓扑的网络，但是需要交换大量的控制包，提高了能耗。无竞争的和基于竞争的 MAC 协议各有优缺点，混合型 MAC 协议充分结合了这两种类型的 MAC 协议的优点，适用于场景更为复杂的水声通信网络。

ERCA-MAC 协议是一种节能、可靠和基于集群的自适应 MAC 协议[50]，该协议将网络划分为簇，将网络传输过程分为调度和通信阶段。在调度阶段使用 TDMA 以避免冲突，簇内节点在分配给自己的时隙中与簇头交换 RTS 和 CTS 控制包以保留信道，簇头节点间的通信则使用 RTS-CTS-DATA-ACK 机制进行。

UA-MCMA 协议结合了 CDMA 和握手机制[51]，该协议将可用信道划分为一个控制信道和几个流量信道，每个流量信道在其单跳范围内由一个节点唯一使用。与传统的基于握手的方案不同，UA-MCMA 通过允许发送方在控制通道上发送 RTS 包后，无须等待接收方的 CTS 包并定期在其流量通道上传输数据包。

SR-TDMA 协议结合了 TDMA 和握手机制[52]，采用需要发送数据包的节点提前预约，再动态分配时隙的机制来减少分配的时隙个数，同时协议在单个时隙中加入 ACK 确认机制来缩短时隙长度。

4. 跨层 MAC 协议

水声通信网络协议栈采用分层体系，各层的协议之间一般是独立工作的。一般来说，对 MAC 协议的优化只能优化数据链路层的设计，这种设计方法没有利用到其他层的有效信息，也没有使得网络协议的整体设计达到最优。因此跨层 MAC 协议被提出，这类协议一般会共享网络层和物理层的相关参数，以此提升网络的全局性能。

CLC-MAC 是一种基于竞争的跨层 MAC 协议[53]。CLC-MAC 协议中的节点计算并记录与其相邻节点的多径和传播时延，当节点需要发送数据包时会先发送 RTS 包，并等待 CTS 包和具有其他多径和传播时延的其他分组。由于减少了数据冲突和节点的等待时间，CLC-MAC 协议提高了水声通信网络的整体性能。

DBR-MAC 协议结合了基于握手的 MAC 协议和 DBR 协议，提供了一种跨层方案[54]。DBR-MAC 协议基于深度信息、角度信息和侦听到的一跳相邻节点的传输信息提出了一种基于深度的传输调度方案，使承担高负载的节点具有比其他节点更高的信道访问优先级，进而使得源节点尽量以最少的跳数将数据包转发到浮标节点。此外，DBR-MAC 协议提出了基于深度的自适应退避算法，减少了节点的退避时间，并防止了关键节点的拥塞。

Wahid 等[55]提出了一种结合数据链路层和网络层的 FF-MAC 协议，FF-MAC 协议在网络层使用适应度函数综合考虑节点深度、剩余能量和节点之间的预期传播时延来确定节点是否可以充当转发节点，在数据链路层依靠握手机制和调度算法来避免冲突，并且每个节点在传输数据之前都会感知信道以避免冲突，如果检测到信道繁忙节点，将随机等待一段时间后再次检查。

5. 并行传输 MAC 协议

水声信道的长传播时延特性在对设计水声通信网络 MAC 协议提出挑战的同时，也为多个节点并行传输数据包创造了条件，利用长传播时延特性设计并行传输 MAC 协议逐渐成为研究水声通信网络的重要思路。

2010 年，新加坡国立大学的学者提出 BiC-MAC 协议，协议使用双向并行传输的方法提升网络吞吐量[56]。由于水声信道具有长传播时延特性，数据包持续时间可能会小于节点间的传播时延。节点通过握手机制预留信道后，接收节点可以使用双向并行传输的方式向发送节点回传所需数据。仿真实验表明，BiC-MAC 协议的性能较基于握手的单向传输 MAC 协议有明显提升。

文献[57]总结了两种利用水声信道长传播时延的方法：空间重用和时间重用，并提出了一种基于时延感知机会调度的 DOTS 协议。在 DOTS 协议中节点不断被动地侦听邻居的传输，并根据数据包的时间戳和节点 ID 计算出节点间的传播时延，构建本地的节点传播时延图。当节点要发送数据包时，会基于本地的传播时延图并使用发送调度算法来判断节点间的传输能否不发生碰撞，以此决定是否开始传输。

2011 年，文献[58]研究了一对节点利用长传播时延同时传输而在接收端无碰撞的问题，同时研究了在 ALOHA 协议、传统 TDMA 和动态 TDMA 中利用长传播时延对协议吞吐量的影响。该项研究为学者们研究如何利用并行传输节点对来提升水声通信网络 MAC 协议的性能奠定了基础。

2013 年，文献[59]提出了结合时间重用和空间重用的基于握手的 TSR 协议，TSR 协议利用水声信道的长传播时延特性以及网络的稀疏拓扑结构来提升水声信道的利用率。TSR 协议构建了一个资源分配的优化问题，其优化目标是令每条通信链路的信道利用率达到最大值。仿真结果表明，此协议较基于握手的 MAC 协议提升了网络吞吐量和降低了端到端时延。

2016 年，文献[60]提出一种基于 ALOHA 的 DAP-MAC 协议。DAP-MAC 协议通过在工作初期构建网络连接图，允许互不干扰的节点在同一个时隙的开始发送数据包，节点则根据效用最优化模型推导出自己在每个时隙的接入概率。

2019 年，浙江大学的杨鸿[61]提出了一种利用传播时延并发传输的 PD-DCT 协议。PD-DCT 协议通过建立节点传播时延表和并发传输表，利用不同通信节点与汇聚节点间的传播时延差，实现了一次握手，并发传输节点对同时传输数据包的功能提高了系统吞吐量和降低了网络的端到端时延。

2021 年，文献[62]提出了一种基于接收端调度的 CSSTU-MAC 协议，CSSTU-MAC 协议根据发送节点和接收节点的距离为发送节点计算出合适的发送时间，采用节点并行传输的方式提高吞吐量。协议中还使用了节点休眠方案，使得发送节点在无须发送的时间进入休眠状态以节约能量。

2.7　现有路由协议及其仿真

本节介绍针对 ARCCNet 的一些仿真结果，研究中采用的仿真工具是 ns-3 网络仿真平台，网络中设置了 40 个水下节点，这些水下节点在 10km×5km 的海底平面上随机布放。水面无线电网络的连通是 ARCCNet 发挥性能的关键。为了保证水面无线电网络的连通，在浮标节点数量较少时，需要设置较大的无线电传输范围。因此，在 4 个浮标节点的 ARCCNet 中，本文设置了 8km 的无线电传输距离；较远的通信距离对设备及信道的要求较高。在节点密度较大时，减小传输距离是更经济的选择。在 8 个浮标节点的 ARCCNet 中，本文使用 5km 的无线电传输距离。仿真使用了以 AODV 协议为代表的被动路由协议，同时选取了经典的主动路由协议——优化链路状态路由（Optimized Link State Routing，OLSR）协议作为对照。实验模拟了水下机器人在水底进行水下遗迹发掘科考的场景，选取了其中 4 对水下机器人进行数据交互。在仿真中，对比分析了不同浮标节点数量和不同发送频率时的投递率、传输时延（仿真中定义为从数据包产生到成功接收的时间）、网络吞吐量、能效和路由响应速度。每组数据取 10 次仿真的平均值。仿真参数设置见表 2-3。

表 2-3　仿真参数设置

仿真参数名称	参数值	仿真参数名称	参数值
水深/m	500	水声通信中心频率/kHz	25
水下声速/(m·s⁻¹)	1500	水声通信带宽/kHz	10
数据包发送间隔/s	3	水声通信调制方式	QPSK
仿真时长/s	2000	无线电符号速率/(Mbit·s⁻¹)	1
节点移动速度/(m·s⁻¹)	1	无线电信号传播速度/(km·s⁻¹)	3×10^8
水声通信距离/km	2	无线电调制方式	OFDM
数据包长度/Byte	400	水声通信符号速率/(bit·s⁻¹)	12000

2.7.1　投递率

数据包投递率反映了网络的可靠性和稳定性，投递率越高，说明网络中的数据传输越可靠、网络越稳定。本文将数据包投递率定义为被成功接收的数据包数量与源节点产生的数据包数量之比。

不同仿真阶段的投递率如图 2-28 所示，随着仿真时间的延长，AODV 协议的投递率不断提升并趋于稳定。随着浮标节点数量的增加，AODV 协议的投递率也增加。这是因为增加浮标节点使水下节点有更高的概率可以与水面节点进行连接，AODV 协议的寻路度量也可以优先选择浮标节点作为下一跳的转发网关，这可以利用水面无线电网络更好的通信质量提升数据包的投递率。OLSR 协议在水声通信网和 ARCCNet 中的数据包投递率表现均低于 AODV 协议，这是因为 OLSR 是一种主动路由协议，其特点是路由需要建立维护全局路由表，这个过程需要大量的信令开销。

在水声链路中，大量的水声信令交互将产生较多的碰撞，将导致低投递率出现。在水声通信网中加入浮标节点构成 ARCCNet 提升了 OLSR 协议的数据包投递率，但提升不明显，原因在于增加浮标节点数量并不能有效减少水声链路中的碰撞。

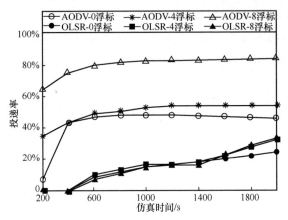

图 2-28　不同仿真阶段的投递率

不同数据包发送间隔下的投递率如图 2-29 所示，无论是 AODV 协议还是 OLSR 协议，在 ARCCNet 中的表现都要优于在水声通信网中的表现。随着发送频率的降低，AODV 协议的投递率呈上升趋势。原因在于发送频率越高，水下数据包传输过程中的碰撞概率越大。OLSR 协议在不同发送频率下的投递率均较低且变化不明显，原因在于大量的碰撞导致 OLSR 协议难以优先选择无线电链路建立路由。

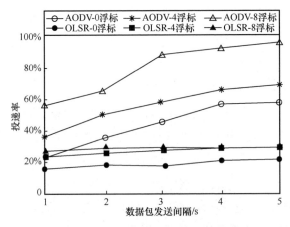

图 2-29　不同数据包发送间隔下的投递率

2.7.2　传输时延

　　不同仿真阶段的传输时延如图 2-30 所示，AODV 协议在水声网络中的传输时延较高，而在 ARCCNet 中时延特性得到了明显的改善。随着浮标节点数量的增加，AODV 协议的传输时延明显下降，这同样得益于浮标节点对水下终端的覆盖率提升。OLSR 协议在 600s 之前传输成功率较低，成功传输的数据包统计样本过少，本文针对 600s 之后相对稳定的数据进行统计分析。OLSR 协议在 ARCCNet 和水声通信网中表现出了低时延特性，这是因为距离远通信质量差的链路数据包发送失败未被统计，这种低时延的表现以低投递率为代价。不同数据包发送间隔下的传输时延如图 2-31 所示，在不同数据包发送间隔下，AODV 协议与 OLSR 协议在 ARCCNet 中的时延表现均优于在水声通信网中的表现。OLSR 协议表现出低时延特性的原因与图 2-28 中相同。

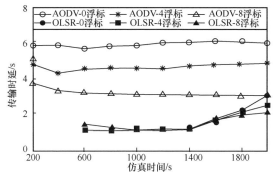

图 2-30　不同仿真阶段的传输时延

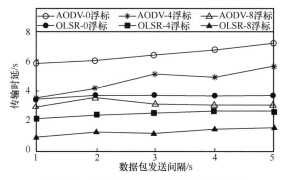

图 2-31　不同数据包发送间隔下的传输时延

2.7.3　网络吞吐量

本文以单位时间内成功传输的比特数为网络吞吐量的衡量指标,吞吐量的定义为网络中成功传输的比特数与网络运行时间之比。网络吞吐量被用来评估网络数据传输效率的高低。网络吞吐量越高,网络单位时间传输的数据量越大,网络整体性能越好。

不同仿真阶段的网络吞吐量如图 2-32 所示,随着仿真时长的增加,AODV 协议的网络吞吐量呈现先上升后稳定的趋势,并且浮标节点密度越高,吞吐量性能越好。ARCCNet 对 OLSR 协议的吞吐量提升在 1400s 之前并不明显,在 1400s 之后由于 ARCCNet 中一些之前未成功建立的路由被建立,提升了传输成功率,从而使吞吐量特性有所提升。随着浮标节点密度的增加,OLSR 协议的吞吐量性能提升不明显。

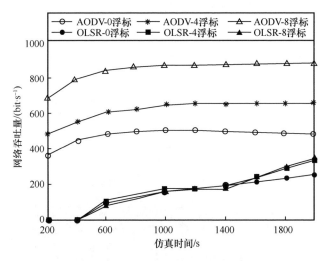

图 2-32　不同仿真阶段的网络吞吐量

不同数据包发送间隔下的网络吞吐量如图 2-33 所示,随着数据包发送周期的增大,ARCCNet 中的吞吐量呈下降趋势,其中 AODV 协议在高浮标节点密度、高数据包发送频率时的吞吐量特性表现最好,这得益于 AODV 协议在声电协同通信网络中的高传输成功率。

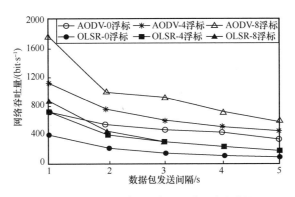

图 2-33　不同数据包发送间隔下的网络吞吐量

2.7.4　能效

接下来以每单位能耗传输的比特数为衡量标准，对网络架构和协议性能进行仿真分析。不同仿真阶段的能效特性如图 2-34 所示，在仿真开始阶段，AODV 协议和 OLSR 协议在 ARCCNet 和水声通信网中的能效特性都表现较差，这是因为在网络运行初期路由未能完全建立，数据包的投递率较低而信令开销较大。路由成功建立之后，能量更多地用于数据包的传输，总体看来能效特性在不断改善。在 1400s 之前，OLSR 协议在两种网络中的能效特性均表现较差。在 1400s 之后，OLSR 协议在 ARCCNet 中的能效特性逐渐提升。不同数据包发送间隔下的能效特性如图 2-35 所示，AODV 协议与 OLSR 协议在 ARCCNet 中的能效表现均优于在水声通信网中，且随着浮标节点数量的增加，两种协议均呈现出更好的能效特性。

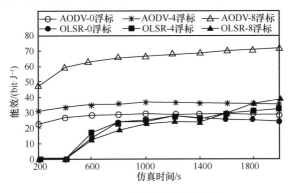

图 2-34　不同仿真阶段的能效特性

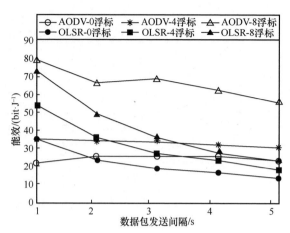

图 2-35 不同数据包发送间隔下的能效特性

2.7.5 路由响应速度与链路组成

本文中定义路由建立用时为从源节点开始寻路至第一个数据包被成功接收所用的时间。路由建立用时如图 2-36 所示，随着浮标节点数量的增加，AODV 协议与 OLSR 协议的路由建立用时都呈下降趋势。AODV 协议建立路由所需的时间比 OLSR 协议少。OLSR 协议在路由建立过程中耗时较久，严重影响了数据包的正常传输。这是因为 OLSR 协议在维护水下网络时产生大量信令开销，这些信令的交互产生了严重的碰撞导致通信失败，影响了路由的建立速度。

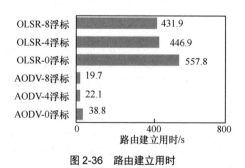

图 2-36 路由建立用时

路由稳定后的链路组成情况如图 2-37 所示，可以看出 AODV 协议比 OLSR 协议更倾向于选择无线电链路建立路由。这得益于 AODV 协议相比 OLSR 协议有更低的信令开销,在路由建立阶段受水声链路碰撞的影响较小。AODV 协议的距离向量度量在 ARCCNet 中等效为最短时延度量,而在时延方面,无线电链路远低于水声链路,所以 AODV 协议在路由建立时表现出对低时延的无线电链路的倾向性。

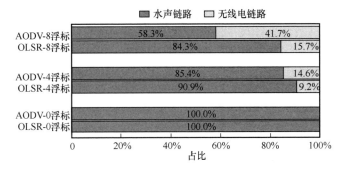

图 2-37 路由稳定后的链路组成情况

2.8 小结

本章对声电协同通信网络架构下的自组织网络路由协议进行了研究。通过对仿真结果进行统计分析,有以下几点发现。

(1)声电协同通信网络架构可以大幅提升水声通信网络的性能,引入浮标网关节点构建的声电协同通信网络架构与水声通信网络架构相比,在数据包投递率、端到端时延、能效、网络吞吐量等性能表现上均有明显的提升。

(2)AODV 协议无论在声电协同通信网络架构下还是水声通信网络架构下的表现均优于 OLSR 协议,AODV 协议运行于声电协同通信网络架构下时,在数据包投递率、端到端时延、能效、网络吞吐量的性能表现上均明显高于水声通信网络。OLSR 协议运行于声电协同通信网络架构下时,在网络数据包高密度发送的情况下,数据包投递率、端到端时延、网络吞吐量的性能表现相比水声通信网络有所提升。OLSR 协议具有很大的信令开销,浮标节点参与信令交互进一步加剧了能量的消耗。显然与 OLSR 协议相比,AODV 协议在声电协同通信网络架构下有更好的表现。

(3)在仿真中发现,AODV 协议运用于声电协同通信网络架构下虽然比在水声通信网络架构下有着更优的能耗表现，但是能量开销依然巨大。利用声电协同通信网络架构改善水声通信网络的时延特性与吞吐量指标的同时，进一步降低能耗将是未来研究中值得关注的地方。

参考文献

[1] LIN K Q, HAO T, ZHENG W A, et al. Analysis of LoRa link quality for underwater wireless sensor networks: a semi-empirical study[C]//Proceedings of the 2019 IEEE Asia-Pacific Microwave Conference (APMC). Piscataway: IEEE Press, 2019: 120-122.

[2] TONOLINI F, ADIB F. Networking across boundaries: enabling wireless communication through the water-air interface[C]//Proceedings of the Proceedings of the 2018 Conference of the ACM Special Interest Group on Data Communication. New York: ACM Press, 2018: 117-131.

[3] ENHOS K, DEMIRORS E, UNAL D, et al. Software-defined visible light networking for Bi-directional wireless communication across the air-water interface[C]//Proceedings of the 2021 18th Annual IEEE International Conference on Sensing, Communication, and Networking (SECON). Piscataway: IEEE Press, 2021: 1-9.

[4] SOJDEHEI J J, WRATHALL P N, DINN D F. Magneto-inductive (MI) communications[C]//Proceedings of the MTS/IEEE Oceans 2001. An Ocean Odyssey. Conference Proceedings. Piscataway: IEEE Press, 2002: 513-519.

[5] TIAN Z Y, ZHANG X, WEI H C. A test of cross-border magnetic induction communication from water to air[C]//Proceedings of the 2020 IEEE International Conference on Signal Processing, Communications and Computing (ICSPCC). Piscataway: IEEE Press, 2020: 1-4.

[6] GUO H Z, SUN Z, WANG P. Multiple frequency band channel modeling and analysis for magnetic induction communication in practical underwater environments[J]. IEEE Transactions on Vehicular Technology, 2017, 66(8): 6619-6632.

[7] VASILIJEVIC A, NAD D, MISKOVIC N. Autonomous surface vehicles as positioning and communications satellites for the marine operational environment—step toward Internet of underwater things[C]//Proceedings of the 2018 IEEE 8th International Conference on Underwater System Technology: Theory and Applications (USYS). Piscataway: IEEE Press, 2018: 1-5.

[8] WANG Q, DAI H N, WANG Q, et al. On connectivity of UAV-assisted data acquisition for underwater Internet of things[J]. IEEE Internet of Things Journal, 2020, 7(6): 5371-5385.

[9] 官权升, 陈伟琦, 余华, 等. 声电协同海洋信息传输网络[J]. 电信科学, 2018, 34(6): 20-28.

[10] 周迪之. 开源网络模拟器 ns-3: 架构与实践[M]. 北京: 机械工业出版社, 2019.

[11] CHEN F J, JIANG Z L, JI F, et al. Radio-acoustic integrated network for ocean information transmission: framework and enabling technologies[J]. China Communications, 2021, 18(9): 62-70.

[12] ZHONG X F, JI F, CHEN F J, et al. A new acoustic channel interference model for 3-D underwater acoustic sensor networks and throughput analysis[J]. IEEE Internet of Things Journal, 2020, 7(10): 9930-9942.

[13] YAN H, SHI Z J, CUI J H. DBR: depth-based routing for underwater sensor networks[M]//DAS A, PUNG H K, LEE F B S, et al. NETWORKING 2008 Ad Hoc and Sensor Networks, Wireless Networks, Next Generation Internet. Heidelberg: Springer, 2008: 72-86.

[14] WAHID A, LEE S, JEONG H J, et al. EEDBR: energy-efficient depth-based routing protocol for underwater wireless sensor networks[C]//KIM TH, ADELI H, ROBLES RJ, et al. International Conference on Advanced Computer Science and Information Technology. Heidelberg: Springer, 2011: 223-234.

[15] LIU G Z, LI Z B. Depth-based multi-hop routing protocol for underwater sensor network[C]//Proceedings of the 2010 the 2nd International Conference on Industrial Mechatronics and Automation. Piscataway: IEEE Press, 2010: 268-270.

[16] YU H T, YAO N M, WANG T, et al. WDFAD-DBR: weighting depth and forwarding area division DBR routing protocol for UASNs[J]. Ad Hoc Networks, 2016, 37: 256-282.

[17] ISMAIL M, ISLAM M, AHMAD I, et al. Reliable path selection and opportunistic routing protocol for underwater wireless sensor networks[J]. IEEE Access, 2020(8): 100346-100364.

[18] NOH Y, LEE U, WANG P, et al. VAPR: void-aware pressure routing for underwater sensor networks[J]. IEEE Transactions on Mobile Computing, 2013, 12(5): 895-908.

[19] RAHMAN M A, LEE Y, KOO I. EECOR: an energy-efficient cooperative opportunistic routing protocol for underwater acoustic sensor networks[J]. IEEE Access, 2017(5): 14119-14132.

[20] LU Y J, HE R X, CHEN X J, et al. Energy-efficient depth-based opportunistic routing with Q-learning for underwater wireless sensor networks[J]. Sensors, 2020, 20(4): 1025.

[21] KARIM S, SHAIKH F K, CHOWDHRY B S, et al. GCORP: geographic and cooperative opportunistic routing protocol for underwater sensor networks[J]. IEEE Access, 2021(9): 27650-27667.

[22] XIE P, CUI J H, LAO L. VBF: vector-based forwarding protocol for underwater sensor networks[M]//BOAVIDA F, PLAGEMANN T, STILLER B, et al. NETWORKING 2006. Networking Technologies, Services, and Protocols; Performance of Computer and Communication Networks; Mobile and Wireless Communications Systems. Heidelberg: Springer, 2006: 1216-1221.

[23] NICOLAOU N, SEE A, XIE P, et al. Improving the robustness of location-based routing for

underwater sensor networks[C]//Proceedings of the OCEANS 2007 - Europe. Piscataway: IEEE Press, 2007: 1-6.

[24] YU H T, YAO N M, LIU J. An adaptive routing protocol in underwater sparse acoustic sensor networks[J]. Ad Hoc Networks, 2015(34): 121-143.

[25] BU R F, WANG S L, WANG H. Fuzzy logic vector-based forwarding routing protocol for underwater acoustic sensor networks[J]. Transactions on Emerging Telecommunications Technologies, 2018, 29(3).

[26] COUTINHO R W L, BOUKERCHE A, VIEIRA L F M, et al. Geographic and opportunistic routing for underwater sensor networks[J]. IEEE Transactions on Computers, 2016, 65(2): 548-561.

[27] JORNET J M, STOJANOVIC M, ZORZI M. Focused beam routing protocol for underwater acoustic networks[C]//Proceedings of the 3rd International Workshop on Underwater Networks. New York: ACM Press, 2008: 75-82.

[28] CHIRDCHOO N, SOH W S, CHUA K C. Sector-based routing with destination location prediction for underwater mobile networks[C]//Proceedings of the 2009 International Conference on Advanced Information Networking and Applications Workshops. Piscataway: IEEE Press, 2009: 1148-1153.

[29] WANG Q W, LI J H, QI Q, et al. A game-theoretic routing protocol for 3-D underwater acoustic sensor networks[J]. IEEE Internet of Things Journal, 2020, 7(10): 9846-9857.

[30] AYAZ M, ABDULLAH A. Hop-by-hop dynamic addressing based (H2-DAB) routing protocol for underwater wireless sensor networks[C]//Proceedings of the 2009 International Conference on Information and Multimedia Technology. Piscataway: IEEE Press, 2009: 436-441.

[31] AYAZ M, ABDULLAH A, FAYE I. Hop-by-hop reliable data deliveries for underwater wireless sensor networks[C]//Proceedings of the 2010 International Conference on Broadband, Wireless Computing, Communication and Applications. Piscataway: IEEE Press, 2010: 363-368.

[32] GUAN Q S, JI F, LIU Y, et al. Distance-vector-based opportunistic routing for underwater acoustic sensor networks[J]. IEEE Internet of Things Journal, 2019, 6(2): 3831-3839.

[33] GHOREYSHI S M, SHAHRABI A, BOUTALEB T. An inherently void avoidance routing protocol for underwater sensor networks[C]//Proceedings of the 2015 International Symposium on Wireless Communication Systems (ISWCS). Piscataway: IEEE Press, 2015: 361-365.

[34] HU T S, FEI Y S. QELAR: a machine-learning-based adaptive routing protocol for energy-efficient and lifetime-extended underwater sensor networks[J]. IEEE Transactions on Mobile Computing, 2010, 9(6): 796-809.

[35] ALSALMAN L, ALOTAIBI E. A balanced routing protocol based on machine learning for underwater sensor networks[J]. IEEE Access, 2021(9): 152082-152097.

[36] JIN Z G, ZHAO Q Y, SU Y S. RCAR: a reinforcement-learning-based routing protocol for congestion-avoided underwater acoustic sensor networks[J]. IEEE Sensors Journal, 2019, 19(22): 10881-10891.

[37] FAHEEM M, BUTT R A, RAZA B, et al. FFRP: dynamic firefly mating optimization inspired energy efficient routing protocol for Internet of underwater wireless sensor networks[J]. IEEE Access, 2020(8): 39587-39604.

[38] KHALIL I M, GADALLAH Y, HAYAJNEH M, et al. An adaptive OFDMA-based MAC protocol for underwater acoustic wireless sensor networks[J]. Sensors, 2012, 12(7): 8782-8805.

[39] ZHANG Y Z, HUANG Y, WAN L, et al. Adaptive OFDMA with partial CSI for downlink underwater acoustic communications[J]. Journal of Communications and Networks, 2016, 18(3): 387-396.

[40] FAN G Y, CHEN H F, XIE L, et al. An improved CDMA-based MAC protocol for underwater acoustic wireless sensor networks[C]//Proceedings of the 2011 7th International Conference on Wireless Communications, Networking and Mobile Computing. Piscataway: IEEE Press, 2011: 1-4.

[41] MA L J, LI D S, NIE J G. A multirate medium access control protocol for underwater acoustic sensor networks based on multicarrier code division multiple access[J]. Sensor Letters, 2013, 11(5): 796-804.

[42] HSU C C, LAI K F, CHOU C F, et al. ST-MAC: spatial-temporal MAC scheduling for underwater sensor networks[C]//Proceedings of the IEEE INFOCOM. Piscataway: IEEE Press, 2009: 1827-1835.

[43] ZHU Y B, LE S N, PENG Z, et al. Distributed on-demand MAC scheduling for underwater acoustic networks[C]//Proceedings of the 2014 IEEE Global Communications Conference. Piscataway: IEEE Press, 2014: 4884-4890.

[44] ALFOUZAN F A, SHAHRABI A, GHOREYSHI S M, et al. A collision-free graph coloring MAC protocol for underwater sensor networks[J]. IEEE Access, 2019(7): 39862-39878.

[45] CHIRDCHOO N, SOH W S, CHUA K C. Aloha-based MAC protocols with collision avoidance for underwater acoustic networks[C]//Proceedings of the IEEE INFOCOM 2007 - 26th IEEE International Conference on Computer Communications. Piscataway: IEEE Press, 2007: 2271-2275.

[46] JIN L, HUANG D F. A slotted CSMA based reinforcement learning approach for extending the lifetime of underwater acoustic wireless sensor networks[J]. Computer Communications, 2013, 36(9): 1094-1099.

[47] 智纳纳, 刘广钟, 徐明. 水声通信网基于载波侦听多路访问的 MAC 协议[J]. 微型机与应用, 2015(18): 62-64.

[48] LIN W, CHENG E, YUAN F. A MACA-based MAC protocol for underwater acoustic sensor

networks[J]. Journal of Communications, 2011, 6(2): 179-184.

[49] PELEATO B, STOJANOVIC M. Distance aware collision avoidance protocol for ad-hoc underwater acoustic sensor networks[J]. IEEE Communications Letters, 2007, 11(12): 1025-1027.

[50] ZENIA N Z, KAISER M S, AHMED M R, et al. An energy efficient and reliable cluster-based adaptive MAC protocol for UWSN[C]//Proceedings of the 2015 International Conference on Electrical Engineering and Information Communication Technology (ICEEICT). Piscataway: IEEE Press, 2015: 1-7.

[51] GAO M S, LI J, LI W, et al. A multi-channel MAC protocol for underwater acoustic networks[C]//Proceedings of the 2015 IEEE 20th International Workshop on Computer Aided Modelling and Design of Communication Links and Networks (CAMAD). Piscataway: IEEE Press, 2015: 293-298.

[52] 安楠. 基于 TDMA 协议的水声通信网络 MAC 协议的研究与实现[D]. 哈尔滨: 哈尔滨工程大学, 2018.

[53] FAN G Y, CHEN N S, WANG X. A cross-layer contention-based MAC protocol for underwater acoustic networks[C]//Proceedings of the 2016 3rd International Conference on Systems and Informatics (ICSAI). Piscataway: IEEE Press, 2016: 655-658.

[54] LI C, XU Y J, DIAO B Y, et al. DBR-MAC: a depth-based routing aware MAC protocol for data collection in underwater acoustic sensor networks[J]. IEEE Sensors Journal, 2016, 16(10): 3904-3913.

[55] WAHID A, ULLAH I, AHMAD KHAN O, et al. A new cross layer MAC protocol for data forwarding in underwater acoustic sensor networks[C]//Proceedings of the 2017 23rd International Conference on Automation and Computing (ICAC). Piscataway: IEEE Press, 2017: 1-5.

[56] NG H H, SOH W S, MOTANI M. BiC-MAC: bidirectional-concurrent MAC protocol with packet bursting for underwater acoustic networks[C]//Proceedings of the OCEANS 2010 MTS/IEEE SEATTLE. Piscataway: IEEE Press, 2010: 1-7.

[57] NOH Y, LEE U, HAN S, et al. DOTS: a propagation delay-aware opportunistic MAC protocol for mobile underwater networks[J]. IEEE Transactions on Mobile Computing, 2014, 13(4): 766-782.

[58] SHAHABUDEEN S, CHITRE M, MOTANI M. MAC protocols that exploit propagation delay in underwater networks[C]//Proceedings of the OCEANS'11 MTS/IEEE KONA. Piscataway: IEEE Press, 2011: 1-6.

[59] DIAMANT R, SHI W B, SOH W S, et al. Joint time and spatial reuse handshake protocol for underwater acoustic communication networks[J]. IEEE Journal of Oceanic Engineering, 2013, 38(3): 470-483.

[60] HAN Y, FEI Y S. A delay-aware probability-based MAC protocol for underwater acoustic

sensor networks[C]//Proceedings of the 2015 International Conference on Computing, Networking and Communications (ICNC). Piscataway: IEEE Press, 2015: 938-944.

[61] 杨鸿. 利用传播时延并发传输的水声通信网络 MAC 协议研究[D]. 杭州: 浙江大学, 2019.

[62] LIU X, DU X J, LI M J, et al. A MAC protocol of concurrent scheduling based on spatial-temporal uncertainty for underwater sensor networks[J]. Journal of Sensors, 2021, 2021: 5558078.

第 3 章

基于链路权值的声电协同路由

3.1 引言

　　无线自组织网络是由无线节点在没有基站或类似网络主机干预的情况下形成的网络。声电协同通信网络也可被看作一个跨域传输的无线自组织网络。目前已成熟的无线自组织网络主要是地面网络，但现有的路由协议和网络管理技术可以改进并用于水下自组织网络。本章的目的是探讨适合声电协同通信网络完成跨域传输任务的路由协议，并针对声电协同通信网络的特点进行相应改进。

　　根据前面的论述，在声电协同通信网络中，无线电链路的性能远远优于水声链路。因此，水声链路中的信号交换和转发数据流应受到限制，信令和数据流应尽可能定向到水上无线电链路。本章重点考虑通过链路权值的配置来实现这一目标，同时引入多跳路径的传输范围，综合起来作为路由的选择准则。

3.2 节点传输范围分析

　　基于距离向量的路由协议一般都是依据最小跳数准则建立路由。而基于位置的路由协议通常以两个节点之间的距离来衡量该路由的优劣，两个节点之间的可达距离越远，该条路径的节点传输能力越强。但是节点的传输范围通常被建模为一个球体，节点可增加的有效覆盖区域与两个节点之间的距离并不是线性关系。因此，不能仅仅以跳数或者两个节点之间的距离来衡量节点的传输能力，而应取决于节点可增加的有效覆盖区域。下面将讨论节点可增加的有效覆盖区域与两个节点之间的距离的具体关系。

3.2.1　二维网络节点传输范围分析

对于一个简单的二维网络，由于所有节点都处在同一平面上，节点传输范围的量化可以由球体简化为圆形。二维网络节点传输范围如图 3-1 所示，节点 A 与节点 B 之间的距离为 d，节点 A 与节点 B 的通信半径分别为 r_A、r_B。若节点 A 发送的数据能被节点 B 收到，则需要满足 $0 < d \leqslant r_A$。节点 B 继续转发该数据时可增加的有效覆盖面积 $S_{增加}$ 分为以下 3 种情况。

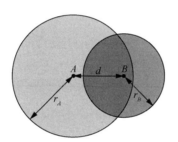

图 3-1　二维网络节点传输范围

（1）当节点 A 包含节点 B 时，$0 < d \leqslant r_A - r_B$，节点可增加的有效覆盖面积为 0，即：

$$S_{增加} = 0 \qquad (3\text{-}1)$$

（2）当节点 B 包含节点 A 时，$d \leqslant r_B - r_A$ 且 $0 < d \leqslant r_A$，节点可增加的有效覆盖面积为节点 B 的面积减去节点 A 的面积，即：

$$S_{增加} = S_B - S_A = \pi r_B^2 - \pi r_A^2 \qquad (3\text{-}2)$$

（3）当节点 A 与节点 B 相交时，此时 $|r_A - r_B| < d \leqslant r_A$，节点可增加的有效覆盖面积为节点 B 的面积减去节点 A 与节点 B 相交的面积，即：

$$S_{增加} = S_B - S_{相交} \qquad (3\text{-}3)$$

两圆相交的面积计算比较复杂，如图 3-2 所示，C 和 D 为圆 A 与圆 B 的交点，显然 $CD \perp AB$。令 $\angle CAB = \alpha$，$\angle CBA = \beta$，由余弦定理可得：

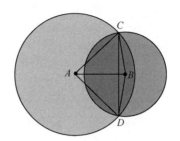

图 3-2　两圆相交面积求解

$$\cos\alpha = \frac{r_A^2 + d^2 - r_B^2}{2r_A d} \tag{3-4}$$

$$\cos\beta = \frac{r_B^2 + d^2 - r_A^2}{2r_B d} \tag{3-5}$$

所以扇形面积 $S_{扇形ACD}$ 和 $S_{扇形BCD}$ 分别为：

$$S_{扇形ACD} = \frac{2\alpha r_A^2}{2} = \alpha r_A^2 = r_A^2 \cos^{-1}\frac{r_A^2 + d^2 - r_B^2}{2r_A d} \tag{3-6}$$

$$S_{扇形BCD} = \frac{2\beta r_B^2}{2} = \beta r_B^2 = r_B^2 \cos^{-1}\frac{r_B^2 + d^2 - r_A^2}{2r_B d} \tag{3-7}$$

而四边形面积 $S_{四边形ABCD}$ 为：

$$S_{四边形ABCD} = \frac{1}{2}AB \times CD = \frac{1}{2}d \times 2r_A\sin\alpha = r_A d \sin\alpha \tag{3-8}$$

最终通过容斥原理可得相交面积 $S_{相交}$ 为：

$$S_{相交} = S_{扇形ACD} + S_{扇形BCD} - S_{四边形ABCD} = \\ r_A^2 \cos^{-1}\frac{r_A^2 + d^2 - r_B^2}{2r_A d} + r_B^2 \cos^{-1}\frac{r_B^2 + d^2 - r_A^2}{2r_B d} - r_A d \sin\alpha \tag{3-9}$$

则节点可增加的有效覆盖面积 $S_{增加}$ 为：

$$S_{增加} = S_B - S_{相交} = \pi r_B^2 - r_A^2 \cos^{-1} \frac{r_A^2 + d^2 - r_B^2}{2 r_A d} - r_B^2 \cos^{-1} \frac{r_B^2 + d^2 - r_A^2}{2 r_B d} + r_A d \sin \alpha \qquad （3-10）$$

特别地，当 $r_A = r_B$ 时，节点可增加的有效覆盖面积 $S_{增加}$ 为：

$$S_{增加} = \pi r_A^2 - 2 r_A^2 \cos^{-1} \frac{d}{2 r_A} + r_A d \sin \alpha \qquad （3-11）$$

为了着重关注节点 A 与节点 B 相交时，节点可增加的有效覆盖面积随两个节点之间的距离的变化情况，在 MATLAB 中进行了模拟仿真，两圆相交时节点可增加的有效覆盖面积如图 3-3 所示。以该函数的首尾点连接建立一个线性函数，可以看出，无论两个节点的半径如何改变，其变化情况都不是一个线性函数，即节点可增加的有效覆盖面积不是随两个节点之间的距离均匀变化的，两者为非线性关系。

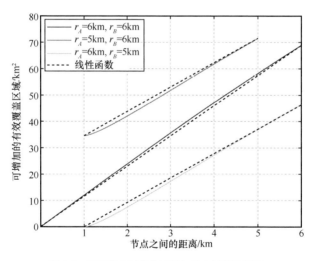

图 3-3　两圆相交时节点可增加的有效覆盖面积

3.2.2　三维网络节点传输范围分析

在三维网络中，节点传输范围被量化为球体，三维网络节点传输范围如图 3-4 所示。节点 A 与节点 B 之间的距离为 d，节点 A 与节点 B 的通信半径分别为 r_A、r_B。

若节点 A 发送的数据能被节点 B 收到，则需要满足 $0 < d \leqslant r_A$。节点 B 继续转发该数据时可增加的有效覆盖体积 $V_{增加}$ 分为以下 3 种情况。

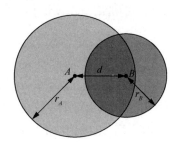

图 3-4　三维网络节点传输范围

（1）当节点 A 包含节点 B 时，$0 < d \leqslant r_A - r_B$，节点可增加的有效覆盖体积为 0，即：

$$V_{增加} = 0 \tag{3-12}$$

（2）当节点 B 包含节点 A 时，$d \leqslant r_B - r_A$ 且 $0 < d \leqslant r_A$，节点可增加的有效覆盖体积为 B 的体积减去 A 的体积，即：

$$V_{增加} = V_B - V_A = \frac{4\pi r_B^3}{3} - \frac{4\pi r_A^3}{3} \tag{3-13}$$

（3）当节点 A 与节点 B 相交时，此时 $|r_A - r_B| < d \leqslant r_A$，节点可增加的有效覆盖体积为节点 B 的体积减去节点 A 与节点 B 相交的体积，即：

$$V_{增加} = V_B - V_{相交} \tag{3-14}$$

两球相交体积的计算较为复杂，相交部分为一个垂直平面，因此计算时分为该平面左侧的部分和该平面右侧的部分分别计算。利用微积分的思想，把该部分切成许多无限薄的小圆片，每个小圆片的体积可以用圆的面积近似。此处使用二维平面图来模拟该立体图形，两球相交体积求解如图 3-5 所示。其中用小圆片 BC 代替两球相交的垂直平面。令 $\angle BAF = \beta$，圆的半径为 r_B，则 $AF = r_B \cos \beta$。设小圆片 DG 与小圆片 BC 的距离 $EF = x$，则 $AE = r_B \cos \beta + x$。通过勾股定理可得：

$$DE = \sqrt{AD^2 - AE^2} = \sqrt{r_B^2 - (r_B \cos \beta + x)^2} \tag{3-15}$$

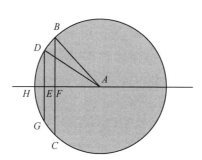

图 3-5　两球相交体积求解

所以小圆片 DG 的面积 S_{DG} 为：

$$S_{DG} = \pi r^2 = \pi \left[r_B^2 - (r_B \cos \beta + x)^2 \right] \tag{3-16}$$

已知 $FH = r_B - r_B \cos \beta$，设其为 h_B，则 $0 \leqslant x \leqslant h_B$。此时可以使用定积分求出原图形中两球相交平面左侧部分的体积 $V_{左}$ 为：

$$V_{左} = \int_0^{h_B} \pi \left[r_B^2 - (r_B \cos \beta + x)^2 \right] \mathrm{d}x = \pi h_B^2 r_B - \frac{\pi h_B^3}{3} \tag{3-17}$$

同理两球相交平面右侧部分的体积 $V_{右}$ 为：

$$V_{右} = \pi h_A^2 r_A - \frac{\pi h_A^3}{3} \tag{3-18}$$

所以两球相交部分的体积 V 为：

$$V = V_{左} + V_{右} = \pi h_B^2 r_B - \frac{\pi h_B^3}{3} + \pi h_A^2 r_A - \frac{\pi h_A^3}{3} \tag{3-19}$$

则节点可增加的有效覆盖体积 $V_{增加}$ 为：

$$V_{增加} = V_B - V = \frac{4\pi r_B^3}{3} - \pi h_B^2 r_B + \frac{\pi h_B^3}{3} - \pi h_A^2 r_A + \frac{\pi h_A^3}{3} \tag{3-20}$$

特别地，当 $r_A = r_B$ 时，节点可增加的有效覆盖体积 $V_{增加}$ 为：

$$V_{增加} = \frac{4\pi r_B^3}{3} - 2\pi h_B^2 r_B + \frac{2\pi h_B^3}{3} \tag{3-21}$$

节点 A 与节点 B 相交时，在 MATLAB 中模拟节点可增加的有效覆盖体积随两个节点之间的距离的变化情况，两球相交时节点可增加的有效覆盖体积如图 3-6 所示。同样可以看出，节点可增加的有效覆盖体积不是随两个节点之间的距离均匀变化的。而且在量化节点传输范围时，由于二维圆形的面积没有三维球体的体积精确，图 3-3 比图 3-6 更接近线性函数的线条。因此，在三维网络中，三维球体的体积更能精准描述节点可增加的有效覆盖区域随两个节点之间的距离的变化关系。

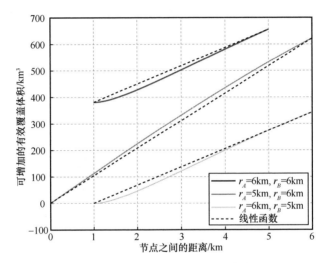

图 3-6　两球相交时节点可增加的有效覆盖体积

3.3　基于链路权值的声电协同路由策略

3.3.1　设计思路

符合声电协同通信网络的路由协议有以下要求。

（1）声电协同通信网络的路由协议必须是反应式路由协议。这是因为反应式路由协议只有在节点有发送需求时，才会利用少量的控制报文来构建路由表表项，可以有效避免主动维护的资源浪费。

（2）声电协同通信网络的路由协议必须建立并使用路由表。当节点建立起完整的路由表后，后续发送任务即可直接查找相应路由表表项，无须再次广播，减少资源消耗。

（3）声电协同通信网络的路由协议必须重新定义路由度量标准，用于引导数据流从水声网络流向水上无线电网络，借助水上无线电链路弥补水声链路的性能短板。

基于此，本节基于经典 AODV 协议[1]，提出了基于链路权值的声电协同通信网络 AODV 协议（AODV Protocol of Acoustic-Radio Integrated Network Based on Link Weights，ARIN-AODV）。对于链路权值的选择，需要考虑以下两方面。

（1）最小化水声链路跳数。AODV 协议的最小跳数路由准则无法区别水声链路和水上无线电链路。

（2）最大化传输范围。在寻路过程中，选择有效覆盖区域大的节点更有利于扩大网络的搜寻范围，减少寻路的时间。

因此，ARIN-AODV 协议设计了一种新的路由度量标准，忽略水上无线电链路跳数，将水声链路跳数和节点有效覆盖区域两者相结合定义新的链路权值。在 ARIN-AODV 协议中，链路权值是累积的，计算结果为所选路由上每一段链路权值的总和。最小链路权值的路由为最佳路由，网络会让数据流沿着最小链路权值的路由到达目的节点，这可以有效减少水声链路的跳数和网络时延。

3.3.2　相关数据结构

1. RREQ 报文

ARIN-AODV 协议的路由请求（Route Request，RREQ）报文的帧格式如图 3-7 所示。在 RREQ 报文中新增加了 3 个字段：一是节点类型，用于区分水声节点和水面节点；二是链路权值，用于存储该路径的总权重；三是位置信息，用于存储节点的三维坐标。

类型字段 （Type）	J	R	G	D	U	保留字段 （Reserved）	跳数计数器 （Hop Count）
路由请求识别码（RREQ ID）							
目的节点地址（Destination IP Address）							
目的节点序列号（Destination Sequence Number）							
源节点地址（Originator IP Address）							
源节点序列号（Originator Sequence Number）							
节点类型（Node Type）				链路权值（Link Weight）			
位置信息（Location Information）							

图 3-7　RREQ 报文帧格式

2. RREP 报文

ARIN-AODV 协议的路由响应（Route Reply，RREP）报文的帧格式如图 3-8 所示。在 RREP 报文中同样新增加了 3 个字段：节点类型、链路权值和位置信息，这 3 个字段的作用和 RREQ 报文中 3 个新增加的字段相同。

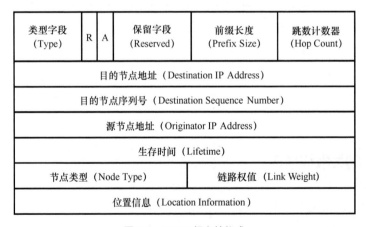

类型字段 （Type）	R	A	保留字段 （Reserved）	前缀长度 （Prefix Size）	跳数计数器 （Hop Count）
目的节点地址（Destination IP Address）					
目的节点序列号（Destination Sequence Number）					
源节点地址（Originator IP Address）					
生存时间（Lifetime）					
节点类型（Node Type）			链路权值（Link Weight）		
位置信息（Location Information）					

图 3-8　RREP 报文帧格式

3. RERR 报文

ARIN-AODV 协议的路由错误（Route Error，RERR）报文的帧格式如图 3-9 所示。

类型字段 (Type)	N	保留字段 (Reserved)	不可达目的节点数量 (Unreachable Destination Count)
不可达目的节点地址 (Unreachable Destination IP Address)			
不可达目的节点序列号 (Unreachable Destination Sequence Number)			
额外不可达目的节点地址 (Additional Unreachable Destination IP Address) （如果需要）			
额外不可达目的节点序列号 (Additional Unreachable Destination Sequence Number) （如果需要）			

图 3-9　RERR 报文帧格式

4. HELLO 报文

在 ns-3 中，RREP 报文和握手（HELLO）报文有相同的帧格式。

5. 路由表表项

ARIN-AODV 协议的路由表表项如图 3-10 所示。

参数	含义
Destination	目的节点IP地址
Gateway	下一跳网关IP地址
Interface	本地接口IP地址
Flag	标志
Expire	过期时间
Hop Count	跳数
Link Weight	链路权值

图 3-10　路由表表项

3.3.3　路由协议流程

在经典 AODV 协议中，最佳路由是跳数最少的路由。但 AODV 协议无法完成水面节点辅助水声节点传输的任务，所以无法在声电协同通信网络中发挥良好的路由性能。而 ARIN-AODV 协议不记录水上无线电链路的跳数，只记录水声链路的跳数，同时计算节点传输过程中的有效覆盖体积，将两者结合作为新的链路权值。在 ARIN-AODV 协议中，将每一段链路权值相加即可得到完整路径的总链路权值。此时，最佳路由变为了链路权值最小的路由，通常计算得出的链路权值不是整数值。节点会选择最小链路权值的路径向目的节点传输数据包，这可以使包含水上无线电链路的路径被选出，从而减少水声链路的跳数。

AODV 协议和 ARIN-AODV 协议的寻路示意图分别如图 3-11、图 3-12 所示。为了找到前往目的节点 E 的有效路径，源节点 A 向网络中广播 RREQ 报文。在 AODV 协议中，如果水声链路的跳数更少，目的节点 E 回复的 RREP 报文会沿着 A-C-E 的转发路径返回至源节点 A。而在 ARIN-AODV 协议中，由于水面节点 B 和 D 之间为水上无线电链路，并不会被计算跳数，且水面节点的覆盖范围比水声节点的覆盖范围要大，因此更有利于传输。当目的节点 E 收到 RREQ 报文后，由于包含水面节点的链路权值更小，此时目的节点 E 回复的 RREP 报文会沿着 A-B-D-E 的转发路径返回至源节点 A。

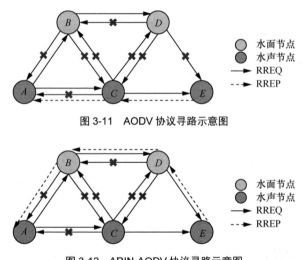

图 3-11　AODV 协议寻路示意图

图 3-12　ARIN-AODV 协议寻路示意图

在大型声电协同通信网络中，当水声链路增多时，ARIN-AODV 协议的链路权值会发挥更大的作用。由此可见，改进后的 ARIN-AODV 协议可以有效解决上述问题。提前建立节点间的邻居关系，有助于提高路由协议的寻路效率。在初始化阶段，网络中所有节点会定期发送 HELLO 报文用来维护一跳邻居节点的信息，并建立一跳邻居路由表。水面节点在收到一跳邻居节点的 HELLO 报文时，会重新转发一次 HELLO 报文，维护两跳邻居节点的信息，并建立两跳邻居路由表。网络初始化后，ARIN-AODV 协议将开启寻路过程，其核心流程如图 3-13 所示，具体包括以下步骤。

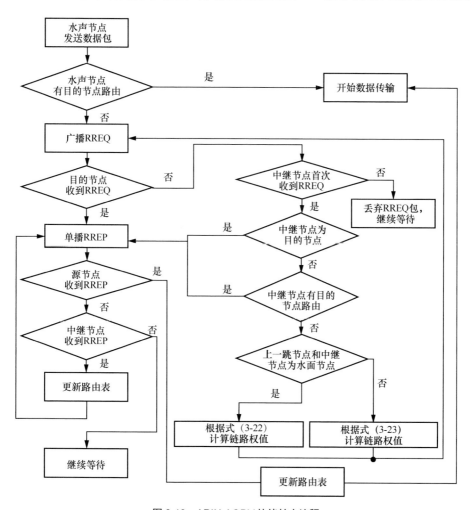

图 3-13　ARIN-AODV 协议核心流程

步骤 1：源节点需要给目的节点发送数据时，路由表中若存在前往目的节点的路由，则开始数据传输；否则广播 RREQ 报文。

步骤 2：中继节点接收到 RREQ 报文，检查是否为首次接收到该 RREQ 报文，如果是，转到步骤 3；否则直接丢弃该 RREQ 报文。

步骤 3：中继节点检查自身是否为 RREQ 报文的目的节点，如果是，转到步骤 9；否则转到步骤 4。

步骤 4：中继节点检查自身是否有到 RREQ 报文中目的节点的有效路由，如果存在，转到步骤 9；否则转到步骤 5。

步骤 5：中继节点判断上一跳节点与自身是否都为水面节点，若是，转到步骤 6；否则转到步骤 7。

步骤 6：该链路为水上无线电链路，根据式（3-22）：

$$LW = 0 + \left(1 - \frac{V_{增加}}{V_B}\right) \tag{3-22}$$

计算该段链路权值 LW 并转到步骤 8。

步骤 7：该链路为水声链路，根据式（3-23）：

$$LW = 1 + \left(1 - \frac{V_{增加}}{V_B}\right) \tag{3-23}$$

计算该段链路权值 LW 并转到步骤 8。

步骤 8：中继节点读取 RREQ 报文中的链路权值 $LW_{总}$，并根据式（3-24）：

$$LW_{总} = LW_{总} + LW \tag{3-24}$$

进行更新。将节点类型、位置信息和链路权值等更新内容写入 RREQ 报文，并广播更新后的 RREQ 报文。

步骤 9：目的节点收到 RREQ 报文或中继节点已存在到目的节点的有效路由，单播 RREP 报文。

步骤 10：源节点收到 RREP 报文，更新路由表，选择链路权值小的路由表表项，开始数据传输。

步骤 11：中继节点收到 RREP 报文，更新路由表，然后更新 RREP 报文并单播。

ARIN-AODV 协议区别对待水上无线电链路和水声链路，并计算节点的有效覆盖体积，将两者的链路权值作为新的度量标准。数据包在传输过程中优先选择累计链路权值最小的链路传输，可以有效减少水声链路的跳数。水声节点一般只需要发送数据包，水上无线电网络承担了水声网络大部分的路由开销。

3.4　仿真及其结果分析

本节针对所提出的 ARIN-AODV 协议，在 ns-3 网络仿真平台进行仿真对比实验。

3.4.1　仿真环境以及参数设置

ARIN-AODV 协议的网络仿真示意图如图 3-14 所示。网络仿真模拟了长度为4km、宽度为 2km、深度为 1km 的海域，水面节点在海面均匀分布，水声节点在海底随机分布。ARIN-AODV 协议的网络仿真参数设置见表 3-1。实验模拟了一对水声节点之间的信息交流，水面节点和其余水声节点作为中继节点承担转发数据包的任务。为了验证第 3.2 节中声电协同通信网络传统路由协议的分析结果，本次实验选取主动路由协议代表 OLSR 协议[2]、反应式路由协议代表 AODV 协议和机会路由协议代表 VBF 协议[3]作为对照组。本次实验将从分组投递率、端到端时延、网络吞吐量、能量利用率这 4 个方面对 4 种协议的性能进行分析。

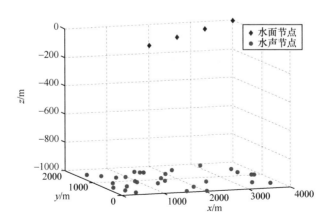

图 3-14　ARIN-AODV 协议的网络仿真示意图

表 3-1　ARIN-AODV 协议的网络仿真参数设置

参数	取值	参数	取值
水声节点个数	10、15、20、25、30、35、40	水声中心频率	20kHz
水面节点个数	4	水声带宽	10kHz
水声通信距离	1.5km	水声数据速率	4.8kbit/s
无线电通信距离	5km	水声传播模型	Thorp
节点能量	90000J	无线电标准	802.11b
数据包长度	200Byte	无线电调制方式	OFDM
数据包发送间隔	5s	无线电 MAC 协议	Ad Hoc Wi-Fi
水声 MAC 层协议	ALOHA	无线电速率控制算法	Constant Rate
水声通信调制方式	FSK	无线电符号速率	1Mbit/s

3.4.2　分组投递率

　　分组投递率是目的节点成功接收到的数据包数量与源节点发送的数据包数量的比值。不同仿真时间下的分组投递率如图 3-15 所示，展示了随着仿真时间的延长，ARIN-AODV 协议与对比协议的分组投递率情况。在仿真开始阶段，源节点无法找到前往目的节点的有效路径，因此发送控制报文寻找该路径。如图 3-15（a）和图 3-15（b）所示，ARIN-AODV 协议均比 AODV 协议更快完成寻路工作，建立起有效路由表，并开始数据传输。VBF 协议不存在控制包寻路阶段，源节点直接将数据包广播，由网络中的节点进行转发。但 OLSR 协议在仿真开始时，每个节点都会发送大量控制报文主动维护路由表，导致网络中的通信环境迅速变差，因此源节点需要较长时间才能找到前往目的节点的有效路径。

　　随着仿真时间的延长，网络中的节点不再频繁发送信令，分组投递率逐渐稳定。由于水声链路的误码率要远高于水上无线电链路的误码率，ARIN-AODV 协议优先选择水上无线电链路进行数据包传输，减少了水声链路的跳数，从而提高了分组投递率。在 15 个水声节点和 25 个水声节点的网络中，相较于 AODV 协议，ARIN-AODV 协议分组投递率分别提高约 18.50% 和 1.00%。

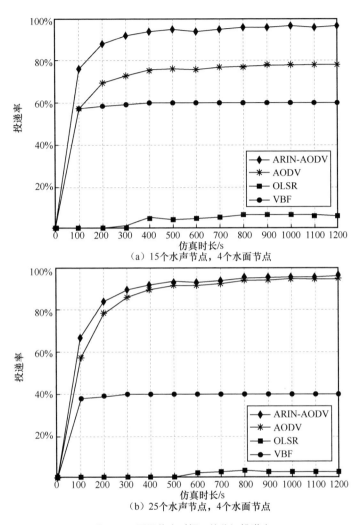

（a）15个水声节点，4个水面节点

（b）25个水声节点，4个水面节点

图 3-15　不同仿真时间下的分组投递率

　　图 3-16 展示了仿真时间为 400s 时，在不同水声节点数量下 ARIN-AODV 协议与对比协议的分组投递率情况。ARIN-AODV 协议在水声节点较少的网络中提升较为明显，在水下只有 10 个节点时，比 AODV 协议提升约 35.75%。这是由于水面节点会建立两跳邻居路由表，有利于提升水面节点的有效覆盖范围，能覆盖到处于空洞范围内的水声节点。水声节点数量增多会导致数据包转发过程中的碰撞和干扰增

加，VBF 协议的分组投递率随之下降。OLSR 协议定期主动维护路由的机制会造成水声网络中信令的数量激增，数据包的碰撞概率增加，导致分组投递率极低，最高分组投递率仅有 11.75%。水声节点数量增多到 25 个以上时，OLSR 协议并不能在400s 内建立从源节点到目的节点的有效路径，因此分组投递率为 0。由此可以证明，以 OLSR 协议为代表的主动路由协议不适合声电协同通信网络。

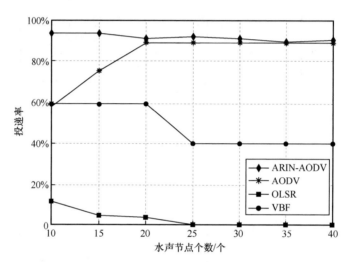

图 3-16　仿真时间为 400s 时，不同水声节点数量下的分组投递率

3.4.3　端到端时延

　　端到端时延是目的节点成功接收到数据包的时间与源节点发送数据包的时间之差。端到端时延可以有效反映网络的拥塞情况。不同仿真时间下的端到端时延如图 3-17所示，展示了随着仿真时间的延长，ARIN-AODV 协议与对比协议的端到端时延情况。在仿真开始阶段，源节点的路由表中不存在前往目的节点的有效路径，此时产生的数据包会被暂时存储在队列中，因此会导致仿真开始阶段的平均时延较高。随着仿真时间的延长，所有节点都已经建立起路由表，端到端时延也逐渐稳定。由于水下声波的传输速度比水上电磁波的传输速度慢 5 个数量级，所以声电协同通信网络中的端到端时延主要来自水声链路。ARIN-AODV 协议新的链路权值有利于选择水上无线电链路，

并在寻路中扩大了有效搜索范围，减少了水声链路的跳数，从而减少端到端时延。

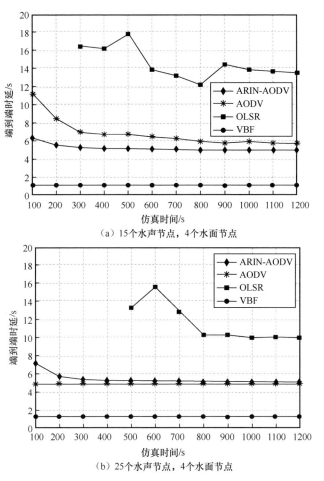

（a）15个水声节点，4个水面节点

（b）25个水声节点，4个水面节点

图 3-17　不同仿真时间下的端到端时延

如图 3-17（a）所示，相较于 AODV 协议，ARIN-AODV 协议的端到端时延减少约 13.37%。如图 3-17（b）所示，AODV 协议和 ARIN-AODV 协议的端到端时延几乎相等，这是由于水声节点增多时，AODV 协议也会选择包含水面节点的链路。VBF 协议的时延较低是由于在传输过程中，水面节点的传输速度较快，因此包含水面节点的路径能更快将数据包传递至目的节点。同时，由于网络中的节点都处于转发状态，分组投递率降低，一些丢失的长时延数据包也没有被统计到。由于 OLSR 协议会在仿真时间内持续发送信令维护路由表，在水声链路中碰撞重传的概率较高，因此端到端时延也会较高。

图 3-18 展示了仿真时间为 400s 时，在不同水声节点个数下的 ARIN-AODV 协议与对比协议的端到端时延情况。ARIN-AODV 协议在不同水声节点分布密度中都展现出了较好的端到端时延特性。当网络中水声节点的数量变多时，从源节点到目的节点的水声跳数也会变多。由于水面节点的覆盖范围较大，AODV 协议也会选择跳数较少的包含部分水面节点的链路，因此在水声节点密度较高的网络中，ARIN-AODV 协议和 AODV 协议的时延相差不大。VBF 协议在水声节点变化的过程中，端到端时延几乎不变。这是由于 VBF 协议选择了部分包含水面节点的链路，降低了水声节点的参与次数，同时经过较长时间传输的数据包都没有被成功接收。在 OLSR 协议中，在水声节点数量较多（如图 3-18 中水声节点个数多于 20 个）的情况下，由于在 400s 前没有数据包被成功接收，因此在 400s 时并没有端到端时延的数据。

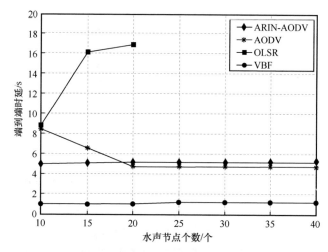

图 3-18　仿真时间为 400s 时，不同水声节点数量下的端到端时延

3.4.4　网络吞吐量

网络吞吐量是网络中单位时间内传输的数据量（比特数）。不同仿真时间下的网络吞吐量如图 3-19 所示，展示了随着仿真时间的延长，ARIN-AODV 协议与对比协议的网络吞吐量情况。AODV 协议选择以最小链路准则为路由衡量标准，不区分水声链路和水上无线电链路。而 ARIN- AODV 协议以最小链路权值为路由衡量标准，这

条链路会尽可能多地包含水上无线电链路。如图 3-19（a）和图 3-19（b）所示，ARIN-AODV 协议可以有效提升网络吞吐量，相较于 AODV 协议分别提升约 23.72% 和 1.06%。在仿真初期，网络吞吐量较低，这是因为节点在建立有效路径之前无法传输数据包。ARIN-AODV 协议中的链路权值可以选择有效传输范围更大的节点，能够更快地建立起有效路径。随着仿真时间的延长，网络环境状态稳定，网络吞吐量也会逐渐稳定。OLSR 协议在传输过程中还会由于频繁碰撞导致数据包传输失败，网络吞吐量一直保持在较低的水平。而 VBF 协议不需要节点建立路由表，因此从仿真开始网络吞吐量便维持在一个稳定水平。

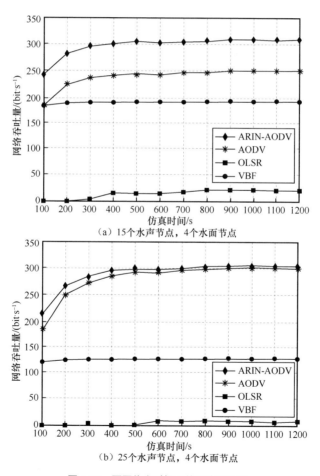

（a）15个水声节点，4个水面节点

（b）25个水声节点，4个水面节点

图 3-19　不同仿真时间下的网络吞吐量

图 3-20 展示了仿真时间为 400s 时，在不同水声节点个数下的 ARIN-AODV 协议与对比协议的网络吞吐量情况。网络吞吐量受节点的分组投递率影响。在不同的水声节点个数下，ARIN-AODV 协议都有稳定的网络吞吐量表现。随着水声节点数量增多，ARIN-AODV 协议和 AODV 协议性能表现趋于一致。VBF 协议的网络吞吐量随着水声节点数量的增多而降低。而 OLSR 协议在水声节点较多（大于 25 个）的网络场景中，由于在水下环境中过多的信令交互引起严重的碰撞，前 400s 较难建立起有效的路由，节点无法发送数据包，因此在前 400s 内网络吞吐量为 0。

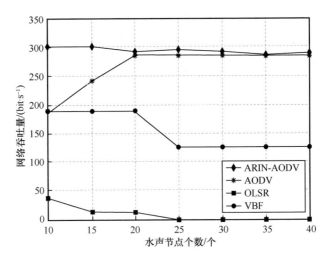

图 3-20　仿真时间为 400s 时，不同水声节点数量下的网络吞吐量

3.4.5　能量利用率

能量利用率为网络中每消耗 1J 能够成功传输的比特数。不同仿真时间下的能量利用率如图 3-21 所示，展示了随着仿真时间的延长，ARIN-AODV 协议与对比协议的能量利用率情况。在 ARIN-AODV 协议中，增加了 RREQ、RREP 等报文的长度用于传递节点类型、节点位置和链路权值的信息，同时水面节点也会二次发送 HELLO 报文用于建立两跳邻居路由表，这些改进措施会促使节点产生额外的能量消耗。

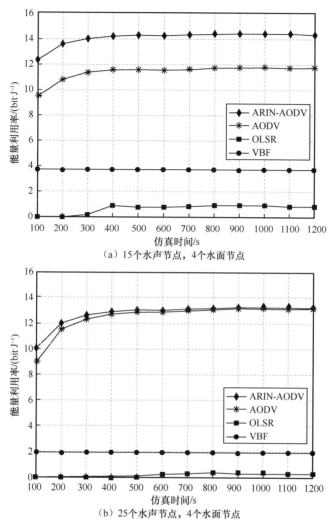

（a）15个水声节点，4个水面节点

（b）25个水声节点，4个水面节点

图 3-21　不同仿真时间下的能量利用率

　　水声信道恶劣的环境会产生较高的误码率，导致频繁的数据包丢失和网络连接中断。由于 ARIN-AODV 协议可以选择较多水面节点作为中继节点进行数据包转发，加快数据包的投递，减轻水声链路的拥堵程度，节省水声信道带宽资源，因此网络中的分组投递率及网络吞吐量较高，能量利用率也随之提高。如图 3-21（a）和图 3-21（b）所示，相较于 AODV 协议，ARIN-AODV 协议的能量利用率分别提高了约 22.39%和 0.05%。而在 VBF 协议中，由于源节点每次发送数据包都要进行机会转发，网络中的节点都参与其中，这会造成大量的能量消耗，能量利用率较低。在 OLSR 协议中，节点会消耗能量定期发送大量控制报文，同时分组投递率低，能量利用率也很低。

图 3-22 展示了仿真时间为 400s 时，在不同水声节点个数下的 ARIN-AODV 协议与对比协议的能量利用率情况。随着网络中节点的数量增多，网络中的总能量消耗会增大，能量利用率会降低。ARIN-AODV 协议有着较好的能量利用率表现，当水声节点数量较多时，ARIN-AODV 协议和 AODV 协议的能量利用率较为接近。ARIN-AODV 协议在水声节点的数量为 10 个时，比 AODV 协议的能量利用率提升了约 59.03%。VBF 协议没有建立有效路由表，每次都需要重新转发数据包，能量利用率表现较差。以 VBF 协议为代表的机会路由协议无法在声电协同通信网络中取得良好表现。

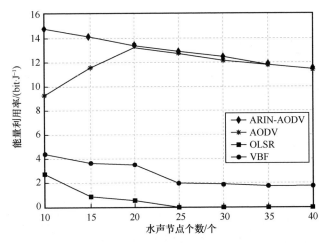

图 3-22　仿真时间为 400s 时，不同水声节点数量下的能量利用率

3.5　小结

本章主要对提出的 ARIN-AODV 协议进行了理论分析和仿真验证。首先针对声电协同通信网络的特点提出了路由协议的设计准则。然后分析了 OLSR 协议、AODV

协议、VBF 协议在声电协同通信网络中应用存在的不足。接着对节点的传输范围进行了分析，证实了节点可增加的有效传输范围与节点之间的距离是非线性关系。基于此提出了适用于声电协同通信网络的 ARIN-AODV 协议。在该协议中，为了减少水声链路的跳数，对水上无线电链路和水声链路定义了不同的链路权值。仿真结果表明，ARIN-AODV 协议在分组投递率、端到端时延、网络吞吐量、能量利用率方面有较优的性能表现。

参考文献

[1]　PERKINS C, BELDING-ROYER E, DAS S. Ad hoc on-demand distance vector (AODV) routing[R]. 2003.

[2]　CLAUSEN T, JACQUET P. Optimized link state routing protocol (OLSR)[R]. 2003.

[3]　XIE P, CUI J H, LAO L. VBF: vector-based forwarding protocol for underwater sensor networks[M]//BOAVIDA F, PLAGEMANN T, STILLER B, et al. NETWORKING 2006. Networking Technologies, Services, and Protocols; Performance of Computer and Communication Networks; Mobile and Wireless Communications Systems. Heidelberg: Springer, 2006: 1216-1221.

第 4 章

基于蚁群优化算法的声电协同通信网络 AODV 协议

4.1 引言

第 3 章指出，声电协同通信网络路由协议的设计应该考虑以下两点原则：尽最大可能减少水声链路的跳数和减少水声网络中的信令交互。为了减少水声链路的跳数，第 3 章提出了基于链路权值的声电协同通信网络 AODV 协议（ARIN-AODV）。为了降低水声网络的能量消耗，同时避免水下数据包的碰撞重传次数过高，也应该从减少水声网络中的信令交互的角度出发，设计一种新的声电协同通信网络路由协议。

受蚁群优化算法的启发，本章将介绍一种基于蚁群优化算法的声电协同通信网络 AODV 协议（AODV Protocol of Acoustic-Radio Integrated Network Based on Ant Colony Optimization，ACO-ARIN-AODV）。ACO-ARIN-AODV 协议对水面节点和水声节点定义了不同的权重，可以根据节点的能量信息和位置信息计算节点所在链路的信息素浓度。节点在执行信令的转发操作时，可以根据信息素浓度计算出转发概率。由于水面节点所在链路的信息素浓度较高，因此水面节点有更高的概率参与信令转发，而水声节点可以以较低的概率参与信令转发，这有效减少了水声网络中的信令交互。节点在转发数据包时会优先选择信息素浓度高的链路，这不仅有利于减少水声链路的跳数，更可以借助水上无线电链路来缓解水声链路的拥堵。

4.2　蚁群优化算法概述

蚁群优化（Ant Colony Optimization，ACO）的灵感来自某些蚂蚁的觅食行为。这些蚂蚁在地面上存储信息素，以标记一些有利的路径，让其他蚁群成员遵循。Dorigo 等[1]在 20 世纪 90 年代首次提出蚁群优化算法。多年来研究人员始终保持着对蚁群优化算法的关注度，现在已经有了许多成功的应用。

4.2.1　蚁群优化算法的原理

蚂蚁在外出寻找食物时，会在地面上留下一定的信息素。它们能够感知哪条路径的信息素浓度高，从而指导自己的行动方向。蚁群找到最短路径示意图如图 4-1 所示，蚂蚁到达一个决策点时，它们不知道哪条路径是最好的选择，会随机选择一条路径。平均而言，一半的蚂蚁决定走路径 1，另一半决定走路径 2。从蚂蚁巢穴向食物移动的蚂蚁和从食物向蚂蚁巢穴移动的蚂蚁都会发生这种情况。假设所有蚂蚁都以大致相同的速度爬行，由于路径 1 比路径 2 更短，因此路径 1 的信息素积累得更快。后续蚂蚁在概率上更倾向于选择路径 1，这是因为在决策点上，它们在路径 1 上感知到更多的信息素。这反过来又会增加选择路径 1 的蚂蚁数量，并产生分布式的正反馈效应。很快所有的蚂蚁都会走这条较短的路。真实蚂蚁的上述行为启发了蚁群系统，该系统已应用于旅行商问题和二次分配问题等组合优化问题。

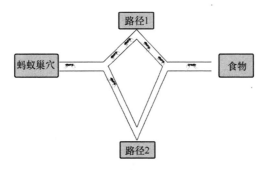

图 4-1　蚁群找到最短路径示意图

4.2.2 蚁群优化算法的数学模型

路径规划是蚁群优化算法的一个重要应用领域。它要求蚂蚁根据某种或者某些优化的准则（如最短行走路径、最小能量消耗、最短行走时间等），在地图的规定范围内避开障碍物，找到一条从起始节点到目的节点的最优路径。下面以路径规划问题为例，简要说明蚁群优化算法中的数学模型。

在数学上，地图信息可以通过栅格化处理构建一个由 0 和 1 组成的矩阵：0 表示此处栅格无障碍物，可以通过；1 表示此处栅格有障碍物，不可通过。在该地图的初始状态中，所有位置的初始信息素相等。每只蚂蚁通过随机机制访问下一个节点。在状态转移概率模型中，当迭代次数为 t 时，蚂蚁 k 从节点 i 转移到节点 j 的概率 $p_{ij}^k(t)$ 为：

$$p_{ij}^k(t) = \begin{cases} \dfrac{\left[\tau_{ij}(t)\right]^\alpha \left[\eta_{ij}(t)\right]^\beta}{\displaystyle\sum_{s \in \{N - \text{tabu}_k\}} \left[\tau_{is}(t)\right]^\alpha \left[\eta_{is}(t)\right]^\beta}, & j \in \{N - \text{tabu}_k\} \\ 0, & \text{其他} \end{cases} \tag{4-1}$$

其中，$\tau_{ij}(t)$ 为第 t 次迭代时节点 i 到节点 j 路径上的信息素浓度，$\eta_{ij}(t) = 1/d_{ij}$ 为第 t 次迭代时节点 i 到节点 j 路径上的启发式信息，d_{ij} 为节点 i 到节点 j 的距离，α 和 β 分别为信息启发因子和期望启发因子，tabu_k 为蚂蚁 k 已经访问的节点列表，N 为总节点列表，$N - \text{tabu}_k$ 为蚂蚁 k 还没有访问的节点列表。

在迭代次数为 t 时，从节点 i 到节点 j 路径上需要增加的信息素浓度 $\Delta\tau_{ij}(t)$ 为所有走过该路径的蚂蚁留下的信息素增量之和，即：

$$\Delta\tau_{ij}(t) = \sum_{k=1}^m \Delta\tau_{ij}^k(t) \tag{4-2}$$

其中，m 为蚂蚁的数量，$\Delta\tau_{ij}^k(t)$ 为第 t 次迭代时蚂蚁 k 在节点 i 到节点 j 路径上释放的信息素，计算方法如下：

$$\Delta\tau_{ij}^k(t) = \begin{cases} \dfrac{Q}{L_k(t)}, & \text{蚂蚁} k \text{经过路径}(i, j) \\ 0, & \text{其他} \end{cases} \tag{4-3}$$

其中，$L_k(t)$ 为第 t 次迭代时蚂蚁 k 走过的路径长度；Q 是一个常数，为蚂蚁完成行驶任务后向经过路径释放的信息素总量，Q 的大小会影响蚁群优化算法的收敛速度。

此时就会进入信息素更新阶段。信息素浓度更新模型为：

$$\tau_{ij}(t+1) = (1-\rho)\tau_{ij}(t) + \Delta\tau_{ij}(t) \tag{4-4}$$

其中，ρ 为信息素挥发因子，$1-\rho$ 为信息素残留因子，信息素挥发因子和信息素增量可以确保信息素浓度在迭代中不断更新，避免原始状态的影响。其中没有到达目的节点的蚂蚁不被计算在内。

4.2.3　蚁群优化算法仿真验证

路径规划问题可以用数学建模为一个有约束的优化问题,最终目的是完成定位、避障和路径规划等任务。为了确认蚁群优化算法可以有效找出蚂蚁爬行的最短路径,需要对其建模并进行仿真验证。

在 MATLAB 中设计一个栅格地图,用矩阵 Map 表示。每一个栅格的信息 $g(i,j)$ 为：

$$g(i,j) = \begin{cases} 0, & \text{此栅格无障碍物，可通行} \\ 1, & \text{此栅格有障碍物，不可通行} \end{cases} \tag{4-5}$$

蚂蚁将从指定源节点出发,并经过无障碍路径到达目的节点。在栅格地图中标记蚂蚁行走的最短路径（单位为蚂蚁走过的栅格数）,并根据每次迭代后的最短路径,分析算法的收敛效果。

仿真时要输入栅格地图矩阵和初始信息素矩阵,选择起点和终点并设置各种参数,所有栅格位置的初始信息素相等。路径规划蚁群优化算法参数设置见表 4-1。基于最短路径准则,在 MATLAB 中共进行了 4 次蚁群实验,通过对比来探究 α、β 和 ρ 这 3 个重要参数对路径规划的影响。

表 4-1　路径规划蚁群优化算法参数设置

实验	蚂蚁个数/个	最大迭代次数/次	栅格尺寸	初始信息素	起点	终点	α	β	ρ	Q
1	50	100	20×20	8	(1, 20)	(20, 1)	1	7	0.3	1
2	50	100	20×20	8	(1, 20)	(20, 1)	3	7	0.3	1
3	50	100	20×20	8	(1, 20)	(20, 1)	1	7	0.5	1
4	50	100	20×20	8	(1, 20)	(20, 1)	1	10	0.3	1

蚂蚁最短路径的运动轨迹如图 4-2 所示。从图 4-2 中可以看出，蚂蚁在寻找从起点到终点的路径时，成功避开了所有障碍物，并最终找到了最短路径。

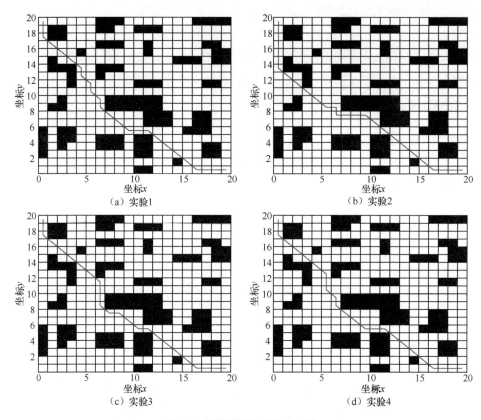

图 4-2　蚂蚁最短路径的运动轨迹

蚂蚁最短路径的收敛曲线如图 4-3 所示。对比图 4-3（a）和图 4-3（b）发现，实验 2 在第 14 次迭代时蚂蚁最短路径长度已经稳定，但实验 1 却在第 40 次迭代时才基本稳定。信息启发因子 α 越大，蚂蚁会更倾向于选择信息素沉积较大的路径，搜索路径的随机性下降，导致蚂蚁最短路径长度过早稳定。对比图 4-3（a）和图 4-3（c）发现，实验 1 的信息素挥发因子 ρ 较小，随机路径上残留的信息素过多，此时无效路径也会被搜索。所以实验 1 比实验 3 收敛得更慢，实验 1 需要更多次迭代才能找到最短路径。对比图 4-3（a）和图 4-3（d）发现，实验 4 的期望启发因子 β 较大，容易选择局部最优路径，算法的收敛速度加快。实验 4 在第 20 次迭代时蚂蚁最短路径长度就已经基本稳定。由此可见，蚁群优化算法可以有效解决路径规划问题，即蚂蚁能以某种最优准则找到最优路径。

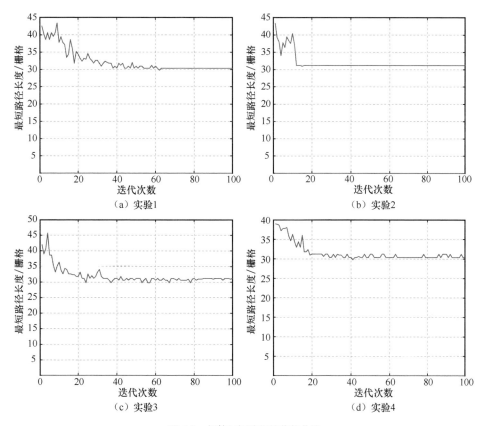

图 4-3　蚂蚁最短路径的收敛曲线

4.2.4　蚁群优化算法在通信网络中的应用

路径规划问题可以很好地映射到通信网络中的路由问题。蚁群优化算法已被证明是一种解决通信网络路由问题的非常有效的方法，常用于在通信网络中寻找目的节点的动态最短路径。蚁群优化算法首先被应用于电路交换网络和分组交换网络中的路由问题。而最近,越来越多的研究者将蚁群优化算法应用于无线自组织网络。这些蚂蚁在路由协议中被映射为控制报文,它们的任务是以某种最优准则找到通往目的节点的路径,并收集有关目的节点的信息。蚁群优化算法由于具有鲁棒性和自适应特性,可以在路由、分配和调度等方面得到应用。无线自组织网络和蚂蚁系统之间有很多相似之处,无线自组织网络和蚂蚁系统的对比见表 4-2[2]。蚁群优化算法为无线自组织网络路由协议展示了许多理想的特性,例如,以分布式方式工作、高度自适应、高度鲁棒,并提供自动负载平衡。

表 4-2 无线自组织网络和蚂蚁系统的对比[2]

参数	无线自组织网络	蚂蚁系统
物理结构	动态,分布式	动态,分布式
路由来源	路由请求从源节点发送	信息素被用来建立新的路线
多路径支持	单路径,多路径	多路径
基本系统	自配置,自组织	自配置,自组织
目标	求最短路线等最优准则	求最短路线

4.3 ACO-ARIN-AODV

4.3.1 设计思路

为了最大化通信网络的性能,很多研究者尝试将蚁群优化算法融入路由协议的设计中。该类路由的设计理念实质上是依据网络中的某些度量标准,建立并使用路由表来指导数据流量的流向。基于蚁群优化算法的无线自组织网络路由协议,通常是由源节点向网络中发送多个控制报文(即蚂蚁)。它们依据某种最优准则(最低时延、最低能耗、最小跳数等)寻找前往目的节点的路径。源节点越频繁地发送控制报文,信息素便会越快地在符合某种最优准则的链路上沉积。当算法收敛后,最终可以选择出一条符合特定最优准则的链路。

在水声网络中，水下通信设备的电池不易更换，通信环境也较为恶劣。重复多次地发送控制报文只会让网络环境迅速变差，碰撞重传现象频发，丢包率急剧提升。水下路由协议的设计要最大限度地将有限的能源用于传输数据包，并最大限度地减少控制报文的发送次数。因此在水下场景中，依靠多只蚂蚁迭代来寻找优化路径的蚁群优化算法存在许多性能缺陷。但是声电协同通信网络路由协议的设计仍然可以借鉴蚁群优化算法中的一些重要概念，如信息素、概率选择等。

AODV 协议以最小跳数为最优准则建立路由，但在声电协同通信网络中，最小跳数无法实现优先选择水上无线电链路的目标。声电协同通信网络路由协议需要一种新的链路状态衡量标准，同时也需要一种新的方法来减少水下控制报文的转发数量。AODV 协议寻路过程中的 RREQ 报文和 RREP 报文概念与蚁群优化算法中的蚂蚁概念拥有非常完美的契合度。因此，对于如何设计 AODV 协议使之适配声电协同通信网络的难题，应该有选择地借鉴蚁群优化算法中的信息素、概率选择等相关概念来建立路由。

为了充分发挥水面节点的优势，本章提出的 ACO-ARIN-AODV 协议在状态转移概率模型中，加入了能量和位置的启发式信息用于计算信息素浓度。中继节点在转发控制报文时会根据信息素浓度计算转发概率，并根据转发概率进行转发，从而有效减少水声网络中的信令交互。这不仅可以节约水声节点的能量，还能够有效缓解水声链路的拥堵。在信息素更新模型中，水面节点所在链路沉积的信息素较多，当寻路过程结束后，节点更新路由表，在后续的发送中会优先选择包含水面节点的水上无线电链路，从而有效减少水声链路的跳数。

4.3.2　数学模型

1. 状态转移概率模型

为了减少 RREQ 报文的转发次数，ACO-ARIN-AODV 协议重新定义了状态转移概率模型，中继节点会计算转发概率并依照此概率转发 RREQ 报文。综合考虑水声网络的能源、时延等劣势，ACO-ARIN-AODV 协议选用能量和位置信息来衡量网络中的链路状态，中继节点是否转发应取决于上一跳与当前中继节点间的信息素浓度。在 ACO-ARIN-AODV 协议中，当前中继节点 i 转发 RREQ 报文的概率 p_i 为：

$$p_i = \begin{cases} \dfrac{2\arctan\left(\dfrac{[\tau(s,i-1)]^{\alpha}[\eta(i-1,i)]^{\beta}}{\tau(s,i)}\right)}{\pi}, & j \in \text{allowed } R_i \\ 0, & \text{其他} \end{cases} \qquad (4\text{-}6)$$

其中，$\tau(s,i)$ 为网络中从源节点 s 到中继节点 i 的路径的信息素浓度，R_i 为中继节点 i 的通信半径，$j \in \text{allowed } R_i$ 指的是节点 j 在中继节点 i 的通信范围内，即节点 j 能收到中继节点 i 发送的 RREQ 报文。若节点 j 不在中继节点 i 的通信范围内，则节点 j 收到 RREQ 报文的概率为 0。式（4-6）采用反正切函数进行归一化。$\eta(i-1,i)$ 为从上一跳节点 $i-1$ 到中继节点 i 的路径的启发式信息，具体表达式为：

$$\eta(i-1,i) = \frac{a\mu(i-1,i) + b\sigma_i}{H_k} \qquad (4\text{-}7)$$

其中，H_k 为从源节点 s 到中继节点 i 的路径的跳数。a、b 是常数，分别为距离矢量启发信息和能量启发信息的权重参数。为了使水面节点的优先级高于水声节点，相比于水声节点，水面节点应选取更大的权重参数。$\mu(i-1,i)$ 为根据上一跳节点 $i-1$ 和中继节点 i 的位置信息计算出的距离矢量启发信息，具体表达式为：

$$\mu(i-1,i) = \frac{d}{R_i} \qquad (4\text{-}8)$$

其中，d 为上一跳节点 $i-1$ 与中继节点 i 之间的距离，此时 $0 \leqslant \mu(i-1,i) \leqslant 1$。$\sigma_i$ 为根据中继节点 i 的能量信息计算出的能量启发信息，具体表达式为：

$$\sigma_i = \frac{E_{\text{current}}}{E_{\text{initial}}} \qquad (4\text{-}9)$$

其中，E_{current} 为中继节点 i 当前的剩余能量，E_{initial} 为中继节点 i 的初始能量，此时 $0 \leqslant \sigma_i \leqslant 1$。

2. 信息素更新模型

当目的节点发送 RREP 报文建立反向路径时，在 RREP 报文的返回路程中增加一定量的信息素，以便在后续通信进程中，可以沿着信息素沉积多的链路传输数据包。在 ACO-ARIN-AODV 协议中，由于水面节点的权重较高，因此它所在的水上无线电链路的信息素沉积较多，网络中数据流量的流向会从水声链路转移至水上无线电链路。在目的节点回复 RREP 报文时，信息素浓度将更新为：

$$\tau(s,i) = (1-\rho)\tau(s,i-1) + \Delta\tau(i-1,i) \qquad （4\text{-}10）$$

其中，ρ 为信息素挥发因子，$\rho \in (0,1)$；$\Delta\tau(i-1,i)$ 为从上一跳节点 $i-1$ 到中继节点 i 需要增加的信息素浓度，具体表达式为：

$$\Delta\tau(i-1,i) = \begin{cases} \dfrac{a\mu(i-1,i)+b\sigma_i}{H_k}, & j \in \text{allowed } R_i \\ 0, & \text{其他} \end{cases} \qquad （4\text{-}11）$$

4.3.3　相关数据结构

1. RREQ 报文

ACO-ARIN-AODV 协议的 RREQ 报文的帧格式如图 4-4 所示。在 RREQ 报文中新增加了 3 个字段：一是节点类型，用于区分水声节点和水面节点；二是位置信息，用于存储节点的三维坐标；三是路径列表信息素含量，用于存储路径列表的信息素含量。

类型字段	J	R	G	D	U	保留字段	跳数计数器
路由请求识别码							
目的节点地址							
目的节点序列号							
源节点地址							
源节点序列号							
节点类型					位置信息		
路径列表信息素含量							

图 4-4　ACO-ARIN-AODV 协议的 RREQ 报文的帧格式

2. RREP 报文

ACO-ARIN-AODV 协议的 RREP 报文的帧格式如图 4-5 所示。在 RREP 报文中新增加了 3 个字段：一是节点类型，用于区分水声节点和水面节点；二是信息素增量，用于存储信息素增量；三是路径列表信息素含量，用于存储路径列表的信息素含量。

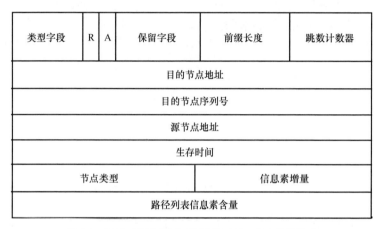

类型字段	R	A	保留字段	前缀长度	跳数计数器
目的节点地址					
目的节点序列号					
源节点地址					
生存时间					
节点类型				信息素增量	
路径列表信息素含量					

图 4-5　ACO-ARIN-AODV 协议的 RREP 报文的帧格式

3. RERR 报文

ACO-ARIN-AODV 协议的 RERR 报文的帧格式如图 4-6 所示。

类型字段	N	保留字段	不可达目的节点数量
不可达目的节点地址			
不可达目的节点序列号			
额外不可达目的节点地址（如果需要）			
额外不可达目的节点序列号（如果需要）			

图 4-6　ACO-ARIN-AODV 协议的 RERR 报文的帧格式

4. HELLO 报文

在 ns-3 中，RREP 报文和 HELLO 报文有相同的帧格式。

5. 路由表表项

ACO-ARIN-AODV 协议的路由表表项如图 4-7 所示。

参数	含义
Destination	目的节点IP地址
Gateway	下一跳网关IP地址
Interface	本地接口IP地址
Flag	标志
Expire	过期时间
Hops	跳数
Pheromone	信息素

图 4-7　ACO-ARIN-AODV 协议的路由表表项

4.3.4　路由协议流程

在 AODV 协议中，节点的路由发现过程会导致网络中广播大量的 RREQ 报文，信令开销极大，这在能源匮乏的水下环境中是极大的弊端。因此，ACO-ARIN-AODV 协议需要在寻路过程中尽可能减少 RREQ 报文的广播次数，同时以信息素浓度为新的度量标准，提升水面节点的优先级，优先选择水上无线电链路来进行跨域信息传输。

AODV 协议和 ACO-ARIN-AODV 协议的寻路示意图分别如图 4-8、图 4-9 所示。为了找到前往目的节点 E 的有效路径，源节点 A 向网络中广播 RREQ 报文。RREQ 报文的泛洪转发机制容易造成广播风暴，会导致网络拥堵甚至瘫痪。在 AODV 协议中，如果水声链路的跳数更少，目的节点 E 回复的 RREP 报文会沿着 A-C-E 的转发路径返回至源节点 A。而在 ACO-ARIN-AODV 协议中，由于水声节点 C 所在的水声链路状态较差，水声节点 C 根据能量和位置信息计算出的 RREQ 报文转发概率也会较小。当目的节点 E 收到 RREQ 报文后，由于包含水面节点的水上无线电链路的信息素浓度较大，此时目的节点 E 回复的 RREP 报文会沿着 A-B-D-F-E 的转发路径返回至源节点 A，并在回复过程中更新信息素的浓度。

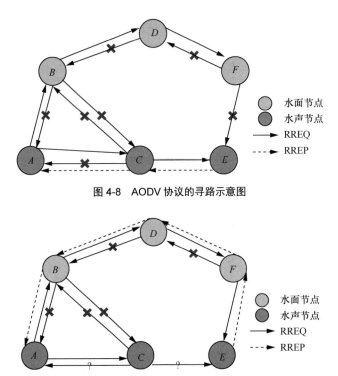

图 4-8　AODV 协议的寻路示意图

图 4-9　ACO-ARIN-AODV 协议的寻路示意图

由此可见，改进后的 ACO-ARIN-AODV 协议可以有效解决上述问题。同样在初始化阶段，网络中所有节点会定期发送 HELLO 报文用来维护一跳邻居节点的信息，并建立一跳邻居路由表。水面节点在收到一跳邻居节点的 HELLO 报文时，会重新转发一次 HELLO 报文，维护两跳邻居节点的信息，并建立两跳邻居路由表。网络初始化后，ACO-ARIN-AODV 协议将开启寻路过程，其核心流程如图 4-10 所示，具体包括以下步骤。

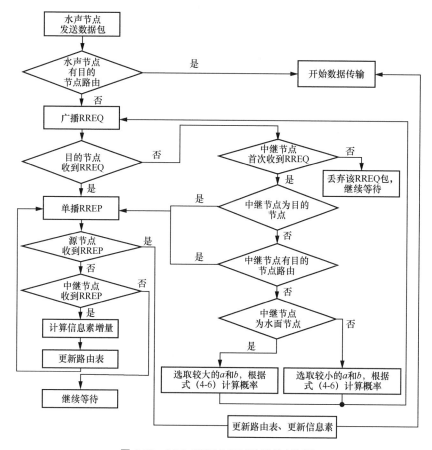

图 4-10　ACO-ARIN-AODV 协议核心流程

步骤 1：源节点需要给目的节点发送数据时，路由表中若存在前往目的节点的路由，则开始数据传输；否则广播 RREQ 报文。

步骤 2：中继节点接收到 RREQ 报文，检查是否为首次接收到该 RREQ 报文，如果是，转到步骤 3；否则直接丢弃该 RREQ 报文。

步骤 3：中继节点检查自身是否为 RREQ 报文的目的节点，如果是，转到步骤 9；否则转到步骤 4。

步骤 4：中继节点检查自身是否有到 RREQ 报文中目的节点的路由，如果有，转到步骤 9；否则转到步骤 5。

步骤 5：中继节点判断自身是否为水面节点，若是，转到步骤 6；否则转到步骤 7。

步骤 6：中继节点为水面节点，选定 a 和 b 根据式（4-6）计算转移概率，按照概率转到步骤 8。

步骤 7：中继节点为水声节点，选定 a 和 b 根据式（4-6）计算概率，按照概率转到步骤 8。

步骤 8：中继节点将节点类型、位置信息和路径列表信息素含量等更新内容写入 RREQ 报文，并广播更新后的 RREQ 报文。

步骤 9：目的节点收到 RREQ 报文或中继节点已存在到目的节点的路由，根据式（4-10）计算需要增加的信息素，然后更新 RREP 报文并单播。

步骤 10：源节点收到 RREP 报文，进行信息素更新，更新路由表，选择信息素浓度高的路由表表项，开始数据传输。

步骤 11：中继节点收到 RREP 报文，根据式（4-10）计算需要增加的信息素，更新路由表，然后更新 RREP 报文并单播。

ACO-ARIN-AODV 协议借鉴了蚁群优化算法的信息素和概率转发等相关概念，依据信息素浓度建立有效路由表，在计算信息素浓度时考虑了能量和位置信息。水面节点的高权重可以促使所在链路沉积较多的信息素，使得数据包在传输过程中可以优先选择水上无线电链路，从而有效减少了水声链路的跳数。链路状态较差的中继节点会以极低的概率进行转发，可以有效减少 RREQ 报文的广播次数。所以，ACO-ARIN-AODV 协议能有效减少水声节点的能量消耗，并提升了水声链路的带宽利用率，为水声节点带来更高数据传输速率和更低网络时延的数据通信服务。

4.4 仿真及其结果分析

为验证本章所提出的 ACO-ARIN-AODV 协议的有效性，本节将采用 ns-3 网络仿真平台进行仿真对比实验。

4.4.1 仿真环境以及参数设置

ACO-ARIN-AODV 协议的网络仿真示意图如图 4-11 所示。网络仿真模拟了长度为 10km、宽度为 5km、深度为 0.5km 的海域，水面节点在海面均匀分布，水声节点在海底随机分布。ACO-ARIN-AODV 协议的网络仿真参数设置见表 4-3，其余参数设置与第 3 章的网络仿真参数设置保持一致，这里不再过多介绍。本次实验选取 ARIN-AODV 协议、OLSR 协议、AODV 协议和 VBF 协议作为对照组。本次实验将从分组投递率、端到端时延、网络吞吐量、能量利用率、RREQ 报文转发次数这 5 个方面对 5 种协议的性能进行分析。

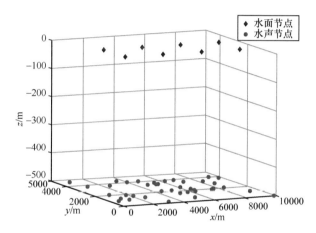

图 4-11　ACO-ARIN-AODV 协议的网络仿真示意图

表 4-3　ACO-ARIN-AODV 协议的网络仿真参数设置

参数	取值
水声节点个数	10、15、20、25、30、35、40
水面节点个数	8
水声网络设备传输距离	2km
无线电网络设备传输距离	5km
节点能量	10000J
数据包长度	200Byte
数据包发送时间间隔	5s
α、β、ρ	0.5、2、0.5
浮标节点权重参数 a、b	1、1
水下节点权重参数 a、b	0.5、0.5

4.4.2 分组投递率

不同仿真时间下的分组投递率如图 4-12 所示，展示了随着仿真时间的延长，ACO-ARIN-AODV 协议与对比协议的分组投递率情况。如图 4-12（a）和图 4-12（b）所示，ACO-ARIN-AODV 协议都能快速建立起稳定的路由链路并开始传输任务，其速度约比 AODV 协议快一倍。随着仿真时间的延长，网络中的节点都建立起了有效路由表表项，分组投递率逐渐稳定。而由于 ACO-ARIN-AODV 协议选择了一条包含水上无线电链路的传输路径，减少了数据包传输损失，大大提高了分组投递率。在 20 个水声节点和 30 个水声节点的网络中，相较于 AODV 协议，ACO-ARIN-AODV 协议的分组投递率分别提高了约 7.08% 和 17.09%。VBF 协议由于不需要寻路阶段，在节点有发送需求时就会向网络中传递数据包，因此分组投递率提升较快，但是由于机会路由协议的广播机制，会造成网络中大量数据包碰撞，因此稳定后分组投递率没有 AODV 协议高。而 OLSR 协议在前期需要发送控制报文用以建立和维护全局路由表，该阶段水声网络中的信令交互量急剧上升，会导致在较晚时间才能建立起有效传输链路。OLSR 协议定期维护路由也会造成水声网络中信令与数据包高频碰撞，导致分组投递率极低，最高分组投递率仅有 14.00%。

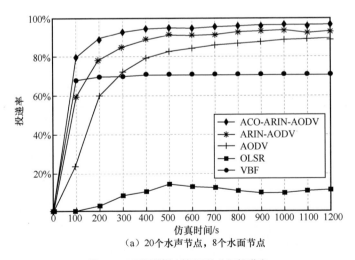

（a）20个水声节点，8个水面节点

图 4-12　不同仿真时间下的分组投递率

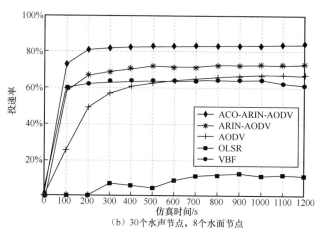

（b）30个水声节点，8个水面节点

图 4-12　不同仿真时间下的分组投递率（续）

不同水声节点数量下的分组投递率如图 4-13 所示，展示了仿真时间为 400s 时，在不同水声节点个数下 ACO-ARIN-AODV 协议与对比协议的分组投递率情况。随着水声节点数量增多，分组投递率总体趋势是先增加然后后降低，先增加是因为水声节点数量太少时网络连通性差，节点数增加有助于提升连通性从而提升分组投递率。随着水声节点数量进一步增加，分组投递率会变低，这是因为水声网络的信令交换和数据传输业务需求增加，水声链路中传递的数据包更容易发生碰撞。相较于 AODV 协议，在不同水声节点个数下，ACO-ARIN-AODV 协议都可以显著提升分组

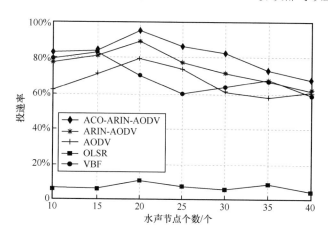

图 4-13　不同水声节点数量下的分组投递率

投递率，最高提升约 21.88%。VBF 协议在 400s 时的分组投递率会出现暂时比 AODV 协议高的情况，这是因为 AODV 协议需要时间建立稳定的路由表，随着仿真时间的延长，AODV 协议的分组投递率会逐渐上升至稳定状态。

4.4.3 端到端时延

不同仿真时间下的端到端时延如图 4-14 所示，展示了随着仿真时间的延长，ACO-ARIN-AODV 协议与对比协议的端到端时延情况。ACO-ARIN-AODV 协议由于在控制报文的寻路过程中，加大了水上无线电链路的信息素沉积量，因此可以在后续的数据包传输中选择出一条包含水上无线电链路的低时延链路，减少了水声链路的跳数，从而降低了端到端时延。

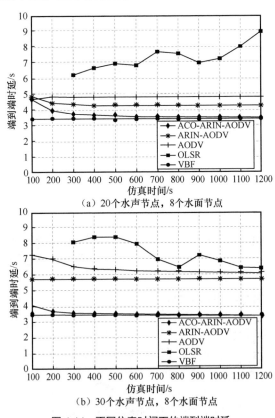

（a）20个水声节点，8个水面节点

（b）30个水声节点，8个水面节点

图 4-14　不同仿真时间下的端到端时延

在仿真开始阶段平均时延稍有上升，这是因为源节点有发送需求但没有在路由表中找到前往目的节点的有效路径，待发送的数据包会被存储在队列中。随着仿真时间的延长，所有节点都已经建立起路由表，数据包的碰撞概率降低，端到端时延也趋于稳定。如图 4-14（a）和图 4-14（b）所示，相较于 AODV 协议，ACO-ARIN-AODV 协议的端到端时延分别降低了约 27.65% 和 43.76%。VBF 协议在广播数据包时，由于水面节点的参与，可以将数据包更快地发送至目的节点，因此端到端时延较低。

不同水声节点数量下的端到端时延如图 4-15 所示，展示了仿真时间为 400s 时，在不同水声节点个数下 ACO-ARIN-AODV 协议与对比协议的端到端时延情况。在网络中为了实现维护邻居节点等额外目标，除了寻路过程中控制报文的收发，节点之间还需要定期发送一些控制报文，当水声节点的数量变多时，会造成节点之间的信令交互行为增多，同时网络中的数据包发送需求也会随之增多。此时数据包碰撞重传的概率大大提升，间接导致端到端时延上升。从图 4-15 可以看出，随着水声节点的数量增多，时延逐渐提升。相较于 AODV 协议，ACO-ARIN-AODV 协议的端到端时延最高降低了约 44.90%。在 OLSR 协议中，由于被目的节点成功接收的数据包数量有限，因此经统计的端到端时延会呈现不稳定的特性。

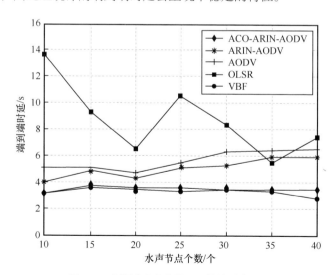

图 4-15 不同水声节点数量下的端到端时延

4.4.4 网络吞吐量

不同仿真时间下的网络吞吐量如图 4-16 所示，展示了随着仿真时间的延长，ACO-ARIN-AODV 协议与对比协议的网络吞吐量情况。如图 4-16（a）和图 4-16（b）所示，ACO-ARIN-AODV 协议可以有效提升网络吞吐量，相较于 AODV 协议分别提升了约 7.87%和 22.67%。这是由于它选择了信息素沉积较大的链路用来数据传输，该路径包含较多的水上无线电链路，可以有效减少水下恶劣环境中数据包的碰撞次数。在前 200s 网络吞吐量较低，这是因为节点需要发送控制报文来寻路并建立路由表，在建立路径之前无法传输数据包。ACO-ARIN-AODV 协议更快建立起有效路径，因此网络吞吐量增长速度较快。

随着仿真时间的延长，节点已经建立起稳定的传输链路，网络吞吐量也逐渐稳定。VBF 协议虽然在网络前期保持着较高的网络吞吐量，但是由于机会路由协议的广播特性，同一时间内参与转发的节点会增加，数据包碰撞的概率也会增大，因此稳定后网络的吞吐量比 AODV 协议少。OLSR 协议由于在网络中充斥着大量的寻路控制报文，节点需要较长时间建立有效路由表表项，此时节点无法完成数据包的发送和接收任务，在前 200s 的网络吞吐量几乎为 0。OLSR 协议的网络吞吐量一直保持在较低的水平，这是因为在传输过程中还会由于碰撞出现数据包传输失败。

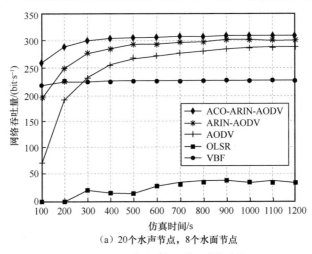

（a）20个水声节点，8个水面节点

图 4-16　不同仿真时间下的网络吞吐量

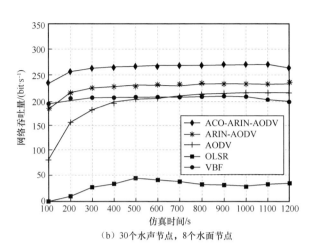

（b）30个水声节点，8个水面节点

图 4-16　不同仿真时间下的网络吞吐量（续）

不同水声节点数量下的网络吞吐量如图 4-17 所示，展示了仿真时间为 400s 时，在不同水声节点个数下 ACO-ARIN-AODV 协议与对比协议的网络吞吐量情况。网络吞吐量与分组投递率关系密切。与图 4-13 的结果相似，随着水声节点数量增多，吞吐量总体趋势是先增加后降低，先增加是因为水声节点数量太少时网络连通性差，节点数增加有助于提升连通性从而提升吞吐量。随着水声节点数量进一步增加，吞吐量变低，这是因为水声网络的信令交换和数据传输业务需求增加，水声链路中传递的数据包更容易发生碰撞。ACO-ARIN-AODV 协议的网络吞吐量相较于 AODV 协议

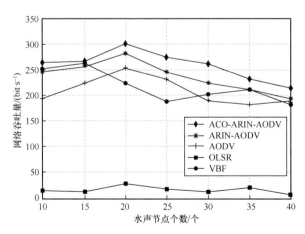

图 4-17　不同水声节点数量下的网络吞吐量

最大提高了约 36.08%。ACO-ARIN-AODV 协议在各种水声节点数量下均保持着较好的网络吞吐量表现。

4.4.5 能量利用率

不同仿真时间下的能量利用率如图 4-18 所示,展示了随着仿真时间的延长,ACO-ARIN-AODV 协议与对比协议的能量利用率情况。在 ACO-ARIN-AODV 协议中,增加了 RREQ、RREP 等报文的长度用以传递节点类型、节点位置和链路的信息素含量等信息,同时也增加了 HELLO 报文的发送次数以建立两跳邻居路由表,这些改进措施会导致额外的能量消耗。但由于寻路控制报文的概率转发机制会有效减少网络中寻路控制报文的转发数量,该改进措施也会节省部分能量。由于 ACO-ARIN-AODV 协议选择了一条包含水面节点的路径,可以利用水上无线电链路辅助水声链路传输,有效缓解了水声链路的拥堵情况,降低了数据包碰撞的概率,因此网络中的分组投递率及网络吞吐量较高,能量利用率也随之提高。如图 4-18(a)和图 4-18(b)所示,ACO-ARIN-AODV 协议可以有效提升能量利用率,相较于 AODV 协议分别提升了约7.96%和27.95%。在 VBF 协议中,由于每次发送数据包都不存在一个有效路径,网络中的节点需要消耗大量能量来转发数据包,这会导致较差的能量利用率表现。OLSR 协议由于主动维护路由表会额外发送大量控制报文,因此能量利用率始终保持较低水平。

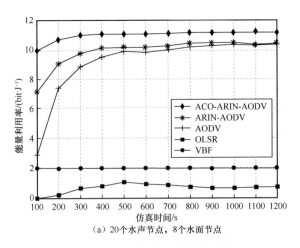

(a)20个水声节点,8个水面节点

图 4-18　不同仿真时间下的能量利用率

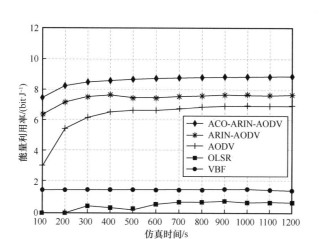

（b）30个水声节点，8个水面节点

图 4-18　不同仿真时间下的能量利用率（续）

　　不同水声节点数量下的能量利用率如图 4-19 所示，展示了仿真时间为 400s 时，在不同水声节点个数下 ACO-ARIN-AODV 协议与对比协议的能量利用率情况。随着水声节点数量增多，AODV 协议及其改进算法的能量利用率总体趋势是先增加然后降低，原因和前面类似。ACO-ARIN-AODV 协议有着较好的能量利用率表现，相比 AODV 协议，最高提升了 31.48%。当水声节点数量为 40 个时，ACO-ARIN-AODV 协议和 AODV 协议的能量利用率已经较为接近。OLSR 协议由于分组投递率不高，且能量消耗巨大，所以能量利用率表现较差。

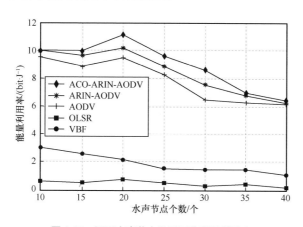

图 4-19　不同水声节点数量下的能量利用率

4.4.6　RREQ 报文转发次数

不同水声节点数量下的 RREQ 报文转发次数如图 4-20 所示，展示了仿真时间为 400s 时，在不同水声节点个数下 ACO-ARIN-AODV 协议与 AODV 协议的 RREQ 报文转发次数情况。ACO-ARIN-AODV 协议可以根据节点的能量和位置信息计算启发式信息，并与链路沉积的信息素计算得出 RREQ 报文的转发概率，这样可以有效减少处于较差状态下的节点转发 RREQ 报文的次数。相较于 AODV 协议，ACO-ARIN-AODV 协议的 RREQ 报文转发次数平均减少了约 44.74%。随着网络中水声节点的数量增多，减少 RREQ 报文转发次数的效果越来越好，最高减少了约 52.66%。这是由于在声电协同通信网络中，水声节点由于处于较差的水下通信环境，会被赋予较低的权重，依据启发式信息和信息素浓度计算得出的转发概率就会较低，因此水声节点的 RREQ 报文转发次数也会随之降低。

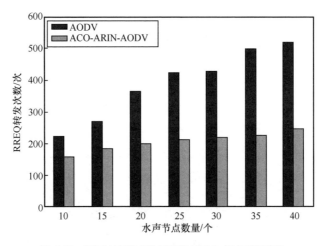

图 4-20　不同水声节点数量下的 RREQ 报文转发次数

4.5　小结

本章主要对提出的 ACO-ARIN-AODV 协议进行了理论分析和仿真验证。首先引入蚁群优化算法的相关概念，在 MATLAB 中验证了蚁群优化算法解决路径规划问题的可行性。然后在蚁群优化算法的路径规划问题与无线自组织网络中的路由问题之间建立了密切联系。基于此提出了适用于声电协同通信网络的 ACO-ARIN-AODV 协议。在路由建立阶段时，节点采用概率转发机制转发 RREQ 报文，即节点根据自身能量和位置信息计算转发概率。在路由回复阶段，节点转发 RREP 报文用于信息素的更新。仿真结果表明，ACO-ARIN-AODV 协议在分组投递率、端到端时延、网络吞吐量、能量利用率、RREQ 报文转发次数方面的性能有明显提升。

参考文献

[1] DORIGO M, DI CARO G. Ant colony optimization: a new meta-heuristic[C]//Proceedings of the 1999 Congress on Evolutionary Computation-CEC99 (Cat. No. 99TH8406). Piscataway: IEEE Press, 2002: 1470-1477.

[2] GUPTA A K, SADAWARTI H, VERMA A K. MANET routing protocols based on ant colony optimization[J]. International Journal of Modeling and Optimization, 2012: 42-49.

第 5 章

声电机会混合路由

5.1 引言

在水下环境中，水声通信是目前水下中远距离无线通信的主要手段。但是水声通信技术有其自身的局限性：一是声信号传播速度慢，具有较高的时延，这导致了水下无人集群中成员间通信的效率低；二是水声信道是环境最恶劣的信道之一，这导致了水下无人集群中成员间通信的成功率低；三是更远传输距离意味着更低的传输速率，这将增大通信受到干扰的可能，加剧水声网络的拥塞情况。基于以上原因，为水下无人系统成员间提供低时延、高传输成功率的通信服务是一项非常困难的任务。

在执行海洋资源探测的无人系统中，水面节点与水下节点共同构成 ARCCNet。在这种网络架构下，无人系统中的节点之间，特别是水面节点与水下节点之间的协同通信，可以使水下节点用较短的水声链路传输距离保持与水面节点的链路连接。水面节点使用水面无线电链路协助转发水下节点之间通信数据，这大大降低了水声通信发生碰撞的概率，缓解了水声网络的拥塞情况。与此同时，传输路径中更多地使用无线电链路，也可以降低网络的时延，提升节点间协同调度的效率。

多点协同的传输方式依赖路由协议进行信息传输路径的规划。ARCCNet 虽然有许多优点，但是也对路由协议的设计提出了一些挑战。第一个挑战是 ARCCNet 中无线电网络与水声网络的性能失配。如何使用无线电网络提升水声网络的传输性能，是路由设计中的一个重要问题。第二个挑战是网络拓扑动态变化，尤其是在水下，通信系统应对拓扑变化是困难的。为了应对上述挑战，本章基于 ARCCNet 提出了声电机会混合（RAOH）路由协议，主要贡献如下。

（1）最优接入策略：缩短数据包在水声链路中的传输距离是必要的，更短的水声链路传输距离通常意味着更少的干扰与更低的传播时延。在邻居探测阶段，基于无线电链路快速高效的特性，RAOH 协议建立水下节点与水面节点之间的最优传输链路。因为在链路选择时，更多地使用了无线电链路，所以没有增加水声网络的负担。

（2）混合路由策略：在路由建立过程中，基于 ARCCNet 提出了声电机会混合路由协议，UUV 向水面网络发送信息时，使用机会路由策略，水面无线电网络在转发水下信息时，使用按需路由策略。机会路由与按需路由构成的混合路由策略，大大提升了路由对网络拓扑变化的响应速度。

（3）接入中断检测策略：在路由工作过程中，水下节点通过对水面网关节点信号的监听，实现自身对水面网络接入状态的感知。水下节点在识别到无法直接接入水面无线电网络时，采取水下多跳转发策略优先保证数据包的成功传输。

5.2　网络场景及问题描述

5.2.1　网络场景

考虑图 5-1 所示的网络结构。UUV 携带了水声通信设备，不同功能的 UUV 通过协作，共同执行一项水下探测任务。在探测区域的水面上部署了 USV，它们同时携带了水声通信设备和水面无线电通信设备。USV 可以作为水面网关，为 UUV 提供通信转发服务。USV 容易接收到 GPS 信号，也可以为 UUV 提供定位和导航等服务。UUV 和 USV 共同组成 ARCCNet，可以为多样的海洋探索应用提供支持。

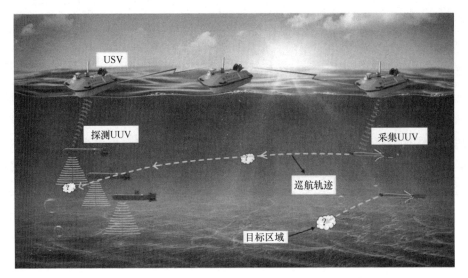

图 5-1　声电协同应用示例

5.2.2　问题描述

声波在水中的传播速度约为 1500m/s，远低于无线电信号的传播速度。声学链路的数据传输时延经常以秒为单位。因此，在纯水下声学网络中的传统路由可能需要几十秒来建立信息传输路径。在动态的网络环境下，信息在经历高时延的传播时，网络拓扑结构可能已经发生了重大变化。为了更有效地传输水下信息，有必要减少信令开销或开发新的水声网络信令系统。

声学链路的带宽过于有限。声学链路的典型数据速率仅以 kbit/s 为单位。因此，使用水下声学信号进行泛洪的多跳数据包转发将带来冗余的数据包传输。它可能会加剧水声通信网络中的数据包拥塞，影响数据包传输的效率。

此外，在水声通信中，信号的垂直传输比水平传输更有效。无论是在深水还是浅水中，水平信道的时空变化都比垂直信道快得多。一项模拟研究表明，在相同的传输距离和相同的误码率（Bit Error Ratio，BER）要求下，声学信号的垂直传输所需的功率低于水平传输[1]。

因此，接下来 ARCCNet 路由协议将按照以下原则进行设计。一是最小化水声子网中的信号交换，以降低处理时延；二是最大限度地减少水声信号的中继的跳数，以避免水声子网中的数据重复传输，并节省其对声学链路的占用；三是对于具有相等声学通信跳数的路径，垂直声学链路应具有比水平声学链路更高的优先级。

合理的路由策略是网络性能发挥的关键，在进行路由设计时，需要充分考虑网络的特点。ARCCNet 是一种异构网络，网络中存在着两种性能差异极大的链路。根据成对的源节点和目的节点类型，ARCCNet 中的声电混合数据流可以分为 3 种类型。3 种类型的数据流可以通过混合无线电声学路径传输，类型 1 为 USV 对 UUV，类型 2 为 UUV 对 USV，类型 3 为 UUV 对 UUV。请注意，可以将长距离类型 3 划分为类型 1 和类型 2 路径的级联。此外，类型 1 和类型 2 的数据流也可以被分割成级联的无线电路径和声学路径。基于上述原则，本章提出了一种新的路由方案，该方案包括以下要点。

（1）将 ARCCNet 划分为水面的无线电子网络和水下的声学子网络，然后对无线电子网络应用按需路由策略，对声学子网络应用机会路由。

（2）由于声传输通常在 UUV 和 USV 之间进行，多艘 USV 在无线电通信的辅助下形成了一个用于水下机会路由的中继集。USV 将通过无线电通信完成机会路由的信号交换。

（3）在所提出的方案中，通过特别设计的 HELLO 消息，水面节点将维护水声链路的多跳邻居。在水下声学子网络中，如果数据包的目的地不在邻居表中，则数据包将被传递到 USV。因此，不需要在 UAN 中进行信令交换来建立水下路由。

5.3 路由协议设计思路

接下来，用两个例子展示信息传输路径是如何确定的。RAOH 路由发现示例如图 5-2 所示，假设节点 1 需要向节点 6 发送数据包。节点 1 使用机会路由策略将数据分组递送到 USV（节点 A）。节点 A 通过水面无线电网络传播 RREQ 消息，以使用按需路由协议来发起路由发现。因为节点 F 是节点 6 的邻居，所以在节点 F 的路由表中存在到节点 6 的路由条目。当 RREQ 消息到达节点 F 时，节点 F 沿着转发路

径向节点 A 发送 RREP 消息以完成路由建立。节点 A 根据所建立的信息传输路径将数据包转发到节点 6。

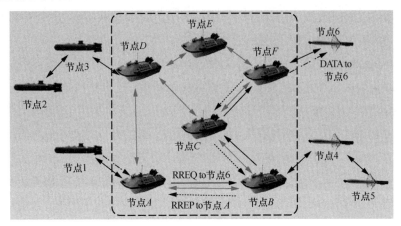

图 5-2　RAOH 路由发现示例

同样在图 5-2 中，假设节点 2 需要向节点 5 发送数据包。它们都在 USV 的水声通信范围之外，无法直接接入水面无线电网络。在这种情况下，节点 2 将采用多跳机会策略，通过节点 3 向水面 USV（节点 D）发送数据包。然后节点 D 启动路由发现过程。通过在节点 B 和节点 5 之间建立 2 跳邻居关系，按需路由可以在无线电网络中快速建立路由路径。然后，数据包将沿着路径(2-3-D-C-B-4-5)被转发。

通常，RAOH 协议在水声网络中使用机会转发策略。因此，它可以减少 UAN 中的信令交换，并使更多的水声链路资源可用于数据传输。多跳机会转发和多跳邻居发现使网络能够保持连通并提高数据包的传输成功率。

5.4　声电机会混合路由策略

假设声电协同通信网络可以实现水上无线电网络全连接。也就是说，任何无线电通信设备都可以通过适当的路由程序与任何其他无线电设备连接。同时，为了提高联网的效率，有必要建立一个能控制并协调所有无线电设备的处理中心。水下节点可以通过一跳或者最多两跳水声链路到达水面节点。在声电协同通信网络中存在多种信息流流向，而跨域信息流流向主要集中在以下两种。

（1）水下节点之间的信息交流。借助水面节点的中继转换功能，将水声网络的负担转移至水上无线电网络。此时信息流由水下节点发送至水面节点，水面节点通过无线电链路转发，再回传到水下节点。

（2）水下节点和水上节点的信息交流。水面节点作为中继节点在水气界面转换信号类型，能够无缝衔接水声网络和水上无线电网络。

在 RAOH 协议中，每个节点都维护了一张路由表。通过 HELLO 消息的交互，节点在路由表中维护着与邻居节点的连接状态。在通信开始时，水下源节点使用机会路由策略，向水面节点发送数据包。水面节点收到数据包后，发送 RREQ 消息建立到达目的节点的路由条目。RREQ 消息在无线电网络中传播，寻找水下目的节点的水面邻居节点。最后，数据包将按照已建立的传输路径被转发。

5.4.1　邻居发现

路由协议建立信息传输路径前往往需要一些先验信息。例如，VBF 协议需要节点位置信息，DBR 协议需要节点深度信息。在 RAOH 协议在建立信息传输路径之前，节点需要一跳通信范围内的邻居信息。邻居信息被存储在节点的路由表中，网络节点的路由表结构如图 5-3 所示。在路由表中建立与维护邻居信息，需要在节点间进行 HELLO 消息的交互。节点使用周期发送的 HELLO 消息，对路由表中的邻居条目进行更新。节点在收到邻居节点的 HELLO 消息时，将该邻居条目加入路由表中。当一段时间内未再收到邻居的消息时，将该邻居条目从路由表中删除。

Destination_Address	Next_Hop_Address	Output_Interface	Hop_Count	Neighbor_Type	Life_Time

图 5-3　网络节点的路由表结构

网络节点的 HELLO 消息结构如图 5-4 所示。Message_Type 的作用是让接收者识别消息的类型，使其可以对消息进行相应的处理。Source_Address 和 Sender_Address 分别为源节点地址和发送节点地址。Packet_sequence_number 与 Source_Address 一起决定了消息的唯一性，避免重复转发。Hop_Count 表示到达源节点所需经历的转发次数。HELLO 消息每经过一次转发，Hop_Count 加 1。在 ARCCNet 中，有水下节点和水面节点两种类型，Node_Type 字段表示源节点的类型。消息在水声链路中过多地转发，容易造成网络拥堵。HELLO 消息采用单跳传输，具有较小的网络负担。HELLO 消息被用来维护节点间 1-Hop 邻居关系，尤其是水下节点和水面节点间的邻居关系。

Message_Type	Source_Address	Sender_Address	Packet_sequence_number	Hop_Count	Node_Type

图 5-4　网络节点的 HELLO 消息结构

水下节点一跳范围内可能存在多个水面节点，它们往往与水下节点间的距离不同。在水声通信中，较短的传输距离意味着较小的信号衰减和较低的传播时延。选择较短的水声链路可以提高传输的成功率，从而提升网络总体的性能。

在邻居探测阶段，RAOH 协议通过 HELLO 消息的交互，实现水下节点与水面节点间的最短传输路径选择。比如，水下节点与水面节点的最优连接如图 5-5 所示，节点 D 发送的 HELLO 消息可以被节点 L、节点 M 接收。首先，由于水声通信中的空时不确定性，通过路径 1 传输的 HELLO 消息将优先于路径 2 被水面节点接收。节点 L 解析 HELLO 消息后，确认这个消息来自水下邻居节点 D 且是第一次接收。节点 L 通过水面无线电链路向邻居节点转发这个 HELLO 消息。因为无线电链路相比于水声链路，具有较快的传输速度，传播时延几乎可以忽略。所以节点 L 转发的 HELLO 消息将先于水声直达路径到达节点 M。节点 M 解析 HELLO 消息后，在路由表中新增到达节点 D 的路由条目。在这条路由条目中，目的地址为节点 D，网关地址为节点 L，跳数信息为 2。以后，节点 M 将不再响应通过水声链路更晚到达的相同 HELLO 消息。节点 M 在收到目的地为节点 D 的数据包时，将通过路径(M-L-D)转发数据包。虽然路径(M-L-D)比路径(M-D)有更多的跳数，但有更高的传输成功率和更低的时延。

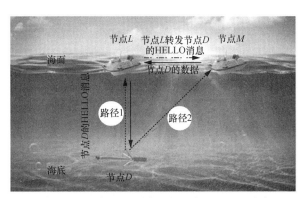

图 5-5　水下节点与水面节点的最优连接

RAOH 协议在邻居发现阶段，利用了 ARCCNet 中水声链路与无线电链路速率失配的性质，使用水面无线电链路进行协同调度，实现了水面节点与水下节点间的最优连接。ARCCNet 的邻居发现策略在未增加水下节点额外的信令开销的情况下，实现了网络性能的提升。

5.4.2　水下节点机会发送

固定路径的数据包发送方式依赖提前建立路由。在无线电网络中，固定路由建立过程可以快速完成。但在水声网络中，这个过程将需要较多的时间。路由的建立需要在节点间进行信令的转发，这将加重水声链路的负担。当网络中存在移动节点时，网络结构常常会发生变化。网络结构的变化可能导致原有的发送路径中断，恢复中断的传输路径需要重新发起路由建立,这又进一步加剧了水声链路的拥堵情况。

为了加快路由的建立过程，也为了更高效地利用水声链路的带宽资源，水下源节点在发送数据包时采用无固定路径的机会发送方式。在 RAOH 协议中，水下源节点在有通信需求时先检查路由表中是否存在水面邻居节点。如果 SN 的路由表中存在到达水面邻居的路由条目，它将向水面节点传输数据包。SN 传输的数据包并不指定转发节点，所有接收到此数据包的水面节点构成一个转发候选集，它们都有机会对接收到的数据包进行转发。候选集中成员间需要竞争转发的机会，竞争的过程仅仅通过水面无线电网络来完成。由于竞争的过程不需要水下网络传输信令，所以水声链路可以被用来传输更多的数据。

同样，由于水声通信的空时不确定性，水面转发候选集中的成员接收到水下数据包的时刻是不同的。RAOH 协议在候选集中选择数据包的转发节点时，采用最低时延度量。在水声通信中，较低的时延往往意味着较短的传输距离和较好的信号质量。对于每一个水下发送的数据包，都由候选集中最先接收到数据包的水面节点负责协同转发。水下源节点机会发送如图 5-6 所示，节点 S 的两个水面邻居节点节点 A 和节点 B 组成了转发候选集，它们都有机会转发节点 S 发送的数据包。由于路径 1 的距离比路径 2 短，所以节点 A 将先于节点 B 接收到节点 S 发送的数据包。这时，节点 A 将被选为转发节点，负责数据的转发。由于无线电传输的广播特性，通过节点 A 转发的数据将被节点 B 监听到。通过无线电链路路径 3 转发的数据，将先于路径 2 被节点 B 接收，节点 B 将不再对相同的数据包做出响应。在极端情况下，节点 A 和节点 B 几乎同时收到节点 S 发送的数据包，节点 A 和节点 B 有可能同时建立起通往目的节点的路由。由于数据包中包含序列号，数据包不会被中间转发节点重复转发，最终将按时延最低的路径进行转发。

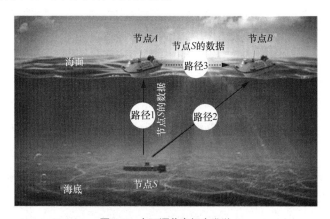

图 5-6　水下源节点机会发送

水下源节点的机会发送策略不依赖固定的转发链路，使所有可能的接收者都有机会参与数据包的转发，提升了数据包被成功转发的概率。由于转发过程中不需要水声链路传输信令，所以机会发送策略几乎不会产生额外的时延。当网络结构发生变化时，源节点机会发送策略也可以迅速更换新的最优转发路径。

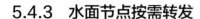

5.4.3　水面节点按需转发

在 ARCCNet 中，无线电链路相比于水声链路具有更高的传输速度与更高的可靠性。水面节点构成的无线电网络可以被视为骨干网，转发水下信息流。ARCCNet 中的节点可能改变它们的位置，这将导致网络拓扑发生变化。为了应对这种变化，路由协议需要具备快速响应能力。AODV 是一种经典的被动路由协议，以适量的信令开销和快速响应网络拓扑变化而著称。AODV 协议的特点是有通信需求时才建立路由并保持一段时间，所以具有较少的信令开销。由于 AODV 协议在无线电链路中可以发挥出较好的性能，因此在 RAOH 协议中，使用 AODV 协议来建立和维护水面无线电链路中的转发路径。

在 RAOH 协议的水下源节点机会转发阶段，使用最短时延度量确定了水面接收分集中的最优转发节点，它被称为水面源节点（Surface Source Node，SSN）。现在，SSN 作为发起者，协调数据包在水面无线电网络中的转发。在数据包转发之前，该节点需要检查路由表中有无到达目的节点的路由条目。若路由条目存在，按照路由条目中标记的信息传输路径转发数据包；若路由条目不存在，则 SSN 先将数据包缓存在网络队列当中，然后启动路由发现过程建立信息传输路径。水面路由建立过程如下：第一，SSN 在无线电网络中泛洪 RREQ 消息发起路由建立；第二，收到 RREQ 消息的中间节点检查自己维护的路由表，确认水下目的节点是否为自己的邻居节点，如果不是则继续转发 RREQ 消息，如果是则按原路径回复 RREP 消息；第三，SSN 收到 RREP 消息后，在路由表中添加到达目的节点的路由条目，传输路径建立完成；最后，SSN 从缓存队列中取出数据包并发送。

5.4.4　路由发现过程比较

RAOH 协议采用混合路由策略，相比于 AODV 协议，在路由响应速度和时延特性上有着更好的表现。本节分析了 AODV 协议与 RAOH 协议在 ARCCNet 中的路由请求过程，详细说明了 RAOH 协议的特点。

AODV 协议路由建立过程如图 5-7 所示，节点 S 需要向节点 D 发送数据。首先，节点 S 检查路由表，发现没有可以到达节点 D 的路由条目，节点 S 发送 RREQ 消息开启路由发现过程。接下来,因为节点 K 与节点 L 不是节点 D 的邻居节点,所以它们将继续转发收到的 RREQ 消息。然后,因为节点 M 与节点 N 都是节点 D 的一跳邻居节点,且节点 M 与节点 L 之间的距离较近,所以节点 M 收到 RREQ 消息后不再向节点 N 转发,而是按原路径向节点 S 回复 RREP 消息。最后,节点 S 收到 RREP 消息完成路由建立,开始数据包发送。

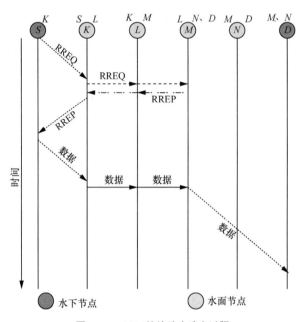

图 5-7 AODV 协议路由建立过程

RAOH 路由建立过程如图 5-8 所示,节点 S 需要向节点 D 发送数据。首先,节点 S 检查路由表,路由表中存在一跳范围内的水面节点 K 的路由条目,节点 S 直接向水面节点发送数据包。接下来,节点 K 收到数据包后检查路由表,路由表中没有到达节点 D 的路由条目,节点 K 使用无线电链路发送 RREQ 发起路由建立。然后,节点 L 收到 RREQ 后将其转发给节点 M。由于在邻居发现阶段建立了水面节点与水下节点的最优连接,所以节点 M 的路由表中存在指向节点 D 的路由条目路径 (M-N-D)。节点 M 收到 RREQ 后向节点 K 回复 RREP 消息。最后,节点 K 收到 RREP 消息后完成传输路径建立,开始发送数据包。

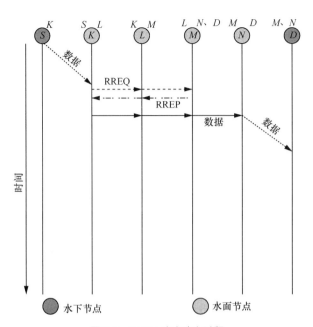

图 5-8　RAOH 路由建立过程

在路由建立阶段，RAOH 协议的信令交互完全在水面无线电网络中完成。相比于 AODV 协议，RAOH 协议避免了水下信令交互产生的时延，使路由响应速度大大提升。由于在路由选择时考虑了最优连接，RAOH 协议在端到端时延特性方面也将有更好的表现。

5.4.5　水下多跳邻居发现

当水下节点的一跳范围内不存在水面节点时，水下节点将无法直接连接到水面无线电网络。当该节点作为目的节点时，数据包将无法被成功接收。这时，RAOH 协议将使用多跳 HELLO 策略建立水下节点与水面无线电网络的连接。

当水下节点可以一跳接入水面无线电网络时，HELLO 消息在水下的过多转发会造成网络拥堵和能量浪费。水下节点在不存在水面邻居节点时才需要采用多跳水声通信的方式建立与水面无线电网络的连接。因此，水下节点具备对无线电网络接入状态的感知能力是必要的。

在 RAOH 协议中，水下节点可以通过路由表中的 Neighbor_Type 信息感知与水面无线电网络的连接状态。节点发送 HELLO 消息时，会将自身的节点类型包含在 HELLO 消息中。通过这种方式，HELLO 消息的接收者可以识别邻居节点的类型，并将其记录在 HELLO 的发送者对应的路由条目中。路由表中的每条路由条目都有一定的生存时间，当一段时间没有再收到该邻居的信息后，这条路由条目将被移除。当水下节点发送 HELLO 消息时，首先检查路由表。如果路由表中存在一跳到达水面邻居节点的路由条目，节点发送正常的 HELLO 消息，否则发送多跳 HELLO（M-HELLO）消息。

当水下节点收到 M-HELLO 时，如果消息中的 Source_Address 与 Sender_Address 不同，表明该消息已经经过一次水下转发。为了避免广播风暴的发生，此 M-HELLO 消息将被丢弃。若此消息中 Source_Address 与 Sender_Address 相同，表明该消息未经过转发，此时根据路由表中的邻居节点类型决定是否转发此 HELLO 消息。若当前节点没有一跳范围内的水面邻居节点，则丢弃该 HELLO 消息；若当前节点存在一跳邻居水面节点，则将 HELLO 中的 Hop_Count 加 1 并转发此消息。水面节点收到 M-HELLO 消息后，同样利用水面无线电链路，选择与 2-Hop 水下邻居间的最优传输路径。

5.4.6　水下多跳机会传输

与第 5.4.5 节中的情况类似，水下源节点的一跳范围内如果不存在水面节点，将影响数据包的成功发送。这时，RAOH 协议将使用水下多跳的机会转发策略发送数据包，目的是增大数据包传输的成功率。水下源节点需要发送数据时，也通过查询路由表，确认与水面无线电网络的连接状态。如果 SN 的路由表中没有一跳水面邻居节点，数据包将被标记为 M-Data Packet，在水下被执行两跳的机会转发。过程如下。

（1）当水下节点收到源节点发送的 M-Data Packet 时，检查自己是否为数据包的目的节点。若自己为目的节点则执行接收；若不是，则检查自身路由表中有无水面邻居节点。当路由表中不存在水面邻居节点时丢弃该数据包，当路由表中存在水面邻居节点或目的节点时，执行数据包转发。

（2）当水下节点收到经一次转发的数据包时，检查自己是否为目的节点。若是则接收数据包，若不是则丢弃数据包。当 M-Data Packet 经过水下节点转发后，它将不再被其他水下节点转发，这样做的目的是防止水声链路拥堵。

（3）当水面节点收到来自水下的 M-Data Packet 时，首先检查是否为重复数据包，如果是则丢弃该数据包；如果是首次接收，则由该节点使用按需路由快速完成传输路径构建，开始转发数据包。

5.5　仿真与性能分析

本节使用在 ns-3 仿真平台（版本 3.28）中实现的 ARCCNet 模型，评估了所提出的 RAOH 协议，并将 RAOH 协议的性能与 VBF、OLSR 和 AODV 协议进行比较，这些协议最初是纯水声网络或无线电网络的代表性路由方案。由于现场试验通常成本高昂、时间长且灵活性较低，基于开源网络模拟平台（如 ns-2、ns-3）的模拟通常用于协议评估。

在仿真中，仿真区域设定为 30km×15km×1km。图 5-9 展示了初始节点分布的一个示例。UUV 随机分布在水下深度 1km 处，速度为 8 节。UAN 信道的传播损耗模型为 Thorp。MAC 协议为 Pure ALOHA 协议。仿真时间设置为 1000s，其他仿真参数设置见表 5-1。HELLO 信令交互周期为 200s。

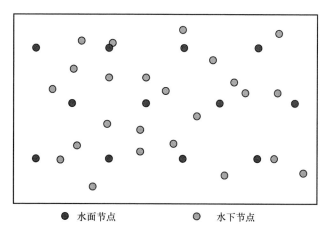

图 5-9　初始节点分布示例

表 5-1　其他仿真参数设置

仿真参数	参数值	仿真参数	参数值
水面节点数量	12	水声通信数据速率	9600bit/s
水下节点数量	24	水声通信中心频率	15kHz
水声通信距离	5km	水声通信带宽	20kHz
无线电通信距离	7km	水声通信调制方式	QPSK

5.5.1　路由响应时间

路由响应时间被定义为源节点产生第一个数据包与目的节点成功接收到第一个数据包之间的持续时间。图 5-10 比较了 4 种路由方案的响应时间，其中源节点的数据包生成间隔为 3s。

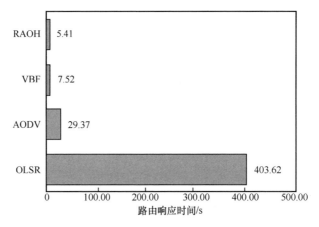

图 5-10　路由响应时间

由图 5-10 可以观察到，RAOH 协议的响应速度最快，而 OLSR 协议的响应速度最慢。尽管 RAOH 协议需要在发送数据包之前建立路由，但由于 RAOH 协议的路由请求是由水面节点通过纯无线电链路发起的，因此它可以实现快速响应。VBF 协议基于转发节点的位置信息，应用机会竞争的方案来选择转发节点。它在发送数据包之前不建立路径，但有时建立的路由包含多个声学链路，且竞争转发的过程需要一段时延。因此，VBF 协议平均响应时间仍然长于 RAOH 协议。在 AODV 协议中，水下源节点发起路由请求。由于声学链路中的信令交换，需要较长的路由建立时间。OLSR 协议维护全局路由表，导致信令开销大。在水声链路中，过度的信号交互会导致严重的碰撞，这使得 OLSR 协议很难建立有效的路由。

5.5.2　不同数据包发送间隔下路由协议的性能

本章中，数据包投递率被定义为目的节点接收与源节点产生的数据包的比值。不同协议在声电协同通信网络中的投递率特性如图 5-11 所示，RAOH 协议的投递率比 AODV 协议提升约 50%，比 OLSR 协议提升 3 倍以上。VBF 对数据包传输间隔更敏感，这是因为所应用的机会中继方案由于高传输负载而对冲突敏感。在 ARCCNet 中，当网络拓扑因节点移动而发生变化时，RAOH 协议可以及时调整传输路径。当 AODV 协议启动路由发现过程时，它通过水声链路生成信令交换。由于声学链路的高传播时延，信令开销降低了 AODV 协议的响应速度，从而影响了数据包的投递率。当 OLSR 协议启动路由发现过程时，它通过水声链路进行更多的信令交换，以维护全局路由表。在 ARCCNet 中，使用水声链路传输过多的信令会造成水声信道拥堵，这导致 OLSR 协议表现不佳。

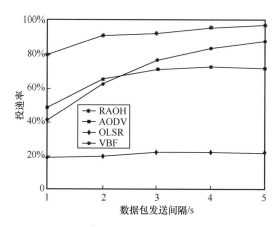

图 5-11　不同协议在声电协同通信网络中的投递率特性

不同协议在声电协同通信网络中的端到端时延特性如图 5-12 所示。大部分时延产生于水声链路中，时延主要包括以下几个部分：一是数据包在队列中的等待时延；二是数据包在水声信道中的传播时延；三是由于水声通信的比特率较低，数据发送和接收时所产生的时延也是不可忽略的。

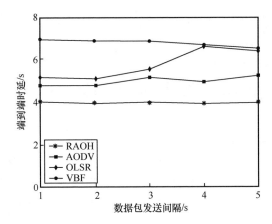

图 5-12　不同协议在声电协同通信网络中的端到端时延特性

RAOH 协议快速的路由建立，减少了数据包在队列中的等待时间。所以在 ARCCNet 中，RAOH 协议有最好的时延特性。路由的动态快速建立减少了数据包的队列等待时延，最优连接策略减少了数据包在水下的传播时延。AODV 协议在水下部分的路由建立用时较久，并且对水下网络拓扑的动态变化响应较慢，所以时延特性表现较差。OLSR 协议在路由建立阶段需要维护全局路由表，这需要大量的信令交互。大量的信令交互在无线电网络中可以较快地完成，但在水声通信中将造成链路拥堵，数据包在队列中的等待时间较长，严重影响通信的实时性。VBF 协议在传输每个数据包时都需要进行多跳机会竞争，竞争过程经历的等待时延增加了端到端时延。VBF 协议在运行时，较小的转发等待时延可能造成过多的冗余转发甚至数据包碰撞，较大的转发等待时延会显著增加端到端时延。

网络吞吐量被定义为单位时间内成功传输的比特数。数据包发送频率越高，单位时间内网络传输的数据量越大。随着数据包产生频率的降低，网络吞吐量下降。吞吐量还受数据包的传输成功率影响，传输成功率越高，吞吐量越大。不同协议在声电协同通信网络中的吞吐量特性如图 5-13 所示，RAOH 协议表现出最好的吞吐量特性，因为它具有较少的水声信道信令传输和较高的投递率。在 AODV 协议和 OLSR 协议中，水声链路传输更多的信令，占用了水声信道的资源，降低了网络吞吐量。VBF 协议因为竞争转发等待时延和对发送频率更敏感的特性导致其吞吐量性能不及 RAOH 协议。

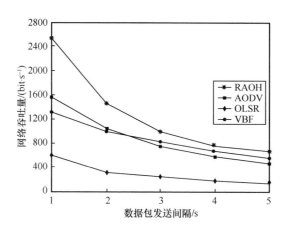

图 5-13　不同协议在声电协同通信网络中的吞吐量特性

　　本章以单位能量成功传输的数据量衡量不同路由协议的能效。不同协议在声电协同通信网络中的能效特性如图 5-14 所示，RAOH 协议比 AODV 协议和 OLSR 协议有更好的能效特性。同样，由于 RAOH 协议在水声链路中信令开销较少和传输成功率较高，RAOH 协议的能效特性比 AODV 协议提升了约 50%，比 OLSR 协议提升了 3～4 倍。由于频繁地发起路由请求和传输成功率较低，OLSR 协议在 ARCCNet 中表现较差。由于使用限制较少的全网机会转发策略，VBF 协议在运行过程中产生了大量的数据包冗余传输，这种特性使 VBF 协议表现出最差的能效特性。

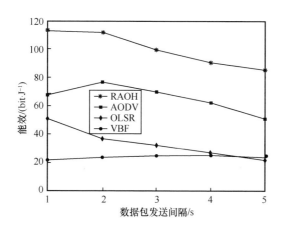

图 5-14　不同协议在声电协同通信网络中的能效特性

5.5.3　不同水面节点数量下路由协议的性能

本节比较了不同协议在不同数量的水面节点下的性能。数据包生成间隔被设置为 3s。其他网络参数保持不变。

不同水面节点数量下不同协议的投递率特性如图 5-15 所示。RAOH 协议在投递率方面比 VBF 协议、AODV 协议和 OLSR 协议都有更好的表现。在水面节点较少时，因为 RAOH 协议可以使用水下多跳机会转发的工作模式，所以数据包有更多的机会被成功转发。随着水面节点数量的增加，RAOH 协议的投递率不断提升并趋于稳定。VBF 协议由于对水下机会转发限制较少，更高的碰撞可能性导致其投递率性能不及 RAOH 协议。由于 AODV 协议使用固定的传输链路，当水下目标具有移动性时，在投递率方面的表现不如 RAOH 协议。因为 OLSR 协议需要维护全局路由，水面节点数量的增加加重了水声链路维护全局路由的负担。所以，OLSR 协议的投递率特性一直处于较低的水平。

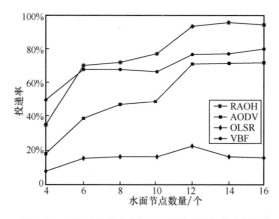

图 5-15　不同水面节点数量下不同协议的投递率特性

不同水面节点数量下不同协议的端到端时延特性如图 5-16 所示。RAOH 协议表现出最好的时延特性，原因有两个方面。一是 RAOH 协议旨在建立新的信息传输路径时最小化声学链路的跳数与传播距离，因此，它受到声学信号传播速度缓慢特性的影响最小；二是 RAOH 协议可以实现路由的快速构建，从而减少数据包的排队等待时间。

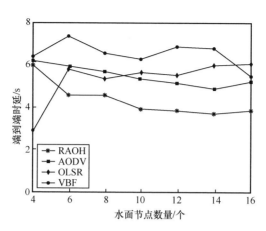

图 5-16　不同水面节点数量下不同协议的端到端时延特性

不同水面节点数量下不同协议的吞吐量特性如图 5-17 所示。结果表明，RAOH 协议具有较高的吞吐量，而 OLSR 协议的吞吐量性能表现最差。在相同的网络参数下，吞吐量与投递率呈正相关。

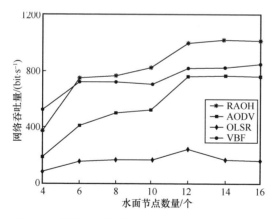

图 5-17　不同水面节点数量下不同协议的吞吐量特性

不同水面节点数量下不同协议的能效特性如图 5-18 所示。RAOH 协议表现出较好的能效特性，而 OLSR 协议和 VBF 协议表现出较差的能效特性。在水面节点数量较少时，RAOH 协议的投递率较低，这导致了较低的能效特性，水下多跳的传输方式也加剧了能量的消耗。随着水面节点数量的增加，RAOH 协议的能效特性也逐渐提升。

OLSR 协议在建立路由时能耗较大，水面节点数量的增加并没有对 OLSR 协议的能效特性有所提升。VBF 协议运行过程中大量的冗余传输导致其产生了较高的能耗。

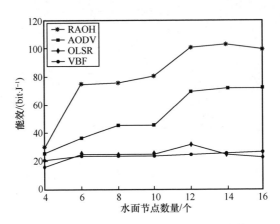

图 5-18 不同水面节点数量下不同协议的能效特性

5.6 本章小结

本章基于 ARCCNet 的特点，提出了一种声电机会混合路由协议 RAOH。在所提出的 RAOH 协议中，水下机会转发与水面按需路由相结合，尽可能地将信令和数据流引导到水面无线电网络中。仿真结果表明，在水面节点的辅助下，RAOH 协议在路由响应时间、数据包投递率、网络吞吐量、端到端时延和能效方面的性能均优于所比较的路由协议。由于在海洋环境中，水面节点的部署既昂贵又耗时，未来的工作可能侧重于理论分析，特别是水面节点部署位置的优化。

参考文献

[1] ZHONG X F, JI F, CHEN F J, et al. A new acoustic channel interference model for 3-D underwater acoustic sensor networks and throughput analysis[J]. IEEE Internet of Things Journal, 2020, 7(10): 9930-9942.

第6章

定向认知声电协同路由

6.1 引言

水声通信技术在水下无线传感网、水下监控网等场景中得到了广泛的应用。水声监控网在对水下非合作目标（Non-Cooperative Target，NCT）监控识别的过程中，往往需要多个节点协同工作，以实现对目标的连续跟踪。监控节点间的协作通信需要通过路由协议提供支持。被监控目标往往也携带水听器，探测信息和动态拓扑构建信令的传输可能会暴露探测和通信节点。水声通信网中资源的限制，使得网络中信息传输的安全问题更加严重。目前常用的加密方式一般是基于密码学对数据进行加密，而填充额外字段会导致密文扩展。另外，高级的加密方式计算复杂度高，特别是在资源非常有限的水声通信网中，会增加网络的负担，导致信息传输低效，并且加密的信号被截获后，仍然有被破译的风险。所以在通信信号低可探测性（Low Detection Probability，LDP）的约束下，实现水下信息高效传输是一件具有挑战性的工作。

在无线电通信中，定向传输天线可限制信号的辐射角度，从而进一步降低通信网络的可探测性[1]。定向传输天线与全向天线不同的是，它可以将能量集中在一个小的角度上。当 NCT 距离较近，配备定向天线的节点使用非指向 NCT 方向的波束传输信息时，NCT 检测到该信号的概率极小，从而实现通信的低可探测性。水声信号的定向传输近年来受到了越来越多的关注[2]，产生了一些具有代表性的成果，这些成果为构建水下 LDP 信息传输路径提供了有力支持。

UAN 的恶劣传输特性限制了信息传输的性能，ARCCNet 有比 UAN 更加优异的传输特性。无线电信号具有在水中衰减快的特点，使用水面的无线电信号传输信息可以规避水下 NCT 的探测。本章在 ARCCNet 中提出了一种传输路径绕过 NCT 的低可探测性路由协议——定向声电低可探测性（DRA-LDP）路由协议。DRA-LDP 路由协议以构建长生存时间的传输路径为目标。在 LDP 约束下，尽可能地避免重路由导致的传输性能下降。在感知阶段，DRA-LDP 路由协议根据 NCT 的运动状态计算水声定向波束的生存时间，并将生存时间存储在波束表中。在路由构建阶段，DRA-LDP 路由协议使用路由表和波束表中的信息，构建具有较长生存时间的信息传输路径，以保证信息的连续高效传输。仿真结果表明，在低可探测性约束下，DRA-LDP 路由协议在 ARCCNet 中可以有效减少重路由，在通信质量方面有较好的表现。

6.2 无线电网络中的低可探测性路由

6.2.1 概述

无人机（UAV）已被应用于各领域，包括战术监控、环境监测、灾害救援等。这些任务常常需要多架 UAV 协作完成。高效的协作需要网络成员间的大量信息交互。多 UAV 系统常常部署于未知的环境中，成员间通信使用的无线电信号向全空间辐射，通信过程容易受到被动窃听和恶意流量分析[3]。通信网络的安全性遭受严重威胁。因此，机载网络通信系统越来越受重视。

目前，UAV 网络的安全通信手段多采用基于密码学的加密数据传输方式。加密通信提升了信息传输的安全性，但无法阻止通信暴露。当检测系统接收到的无线电信号足够强时，它能从电磁噪声中分辨出传输信号，从而导致通信暴露，甚至计算出己方位置。所以，在设计机载通信系统时，考虑通信网络的低可探测性是非常必要的。

减小信号发射功率，可限制信号辐射距离，从而降低通信网络的可探测性。该方法迫使检测系统只有在距离发射机足够近时才能发现信号，增加了检测系统拦截信息的难度，降低了信息被拦截的风险。但是，限制信号的发射功率会缩短网络本身的通信距离，节点间的通信也受到限制。网络中源节点（Source Node，SN）与目的节点（Destination Node，DN）间的远距离通信只能依赖多跳传输，多跳传输的合理传输路径规划又取决于路由协议。因此，设计低可探测性的网络路由协议是必要的。

另外，定向传输天线可限制信号的辐射角度，从而进一步降低通信网络的可探测性[4]。

目前有关低可探测性的定向传输路由协议的研究还处于初步阶段，具有较高的研究价值。因此，本书结合以上两种考虑，提出了一种应用于机载传输网络的定向路由协议，主要贡献如下。

（1）估计定向波束生存时间。基于检测系统的运动信息，提出了一种定向波束生存时间估计方法。UAV 系统根据检测系统的运动状态，估计其在当前运动状态下进入定向波束所需的时间 T_{p}。T_{p} 表示波束的可用时间，为路由的建立提供依据。

（2）基于定向天线的机载网络路由协议。频繁的重路由将加重网络的负担，也将增加暴露的风险。在建立路由时，生存时间较长的路径传输信息被协议选择。生存时间的瓶颈由路径上生存时间最短的链路决定。因此，我们以最长路由生存时间为目标，设计了一种低可探测性的定向路由协议。

（3）非对称双向路由协议。考虑指向性波束构成的链路具有不对称性，正向路由具有较长的生存时间，而相同的反向链路可能不可用，为此，不同于常规路由的反向链路生成方式，本章考虑构建不对称的双向路由，使双向的路由都具有最长的生存时间。

6.2.2　天线模型

天线模型具有两个单独的模式：全向模式和定向模式。全向模式仅用于接收信号，定向模式用于发送和接收信号。笔者团队已经在网络模拟器 ns-3 3.28 中实现了定向天线的模型。

在全向模式下，节点能够接收来自各个方向的信号。当信道空闲时，一旦检测到信号，节点就可以确定最强信号的方向，进入定向模式。该节点可以使用定向波束与发射机通信，波束方向为接收信号最强的方向。

机载网络搭载的方向性天线模型如图 6-1 所示。每个节点具有 4 个指向不同方向的波束，波束按顺时针方向编号为 1~4，波束角度用 θ 表示。节点广播信息时，发射机遍历所有波束，向各个方向发送信息，以扫描的方式覆盖周围的区域。在同一时间段内，节点只能通过其中一个天线波束发射或接收信号。在扫描过程中，波束切换的时延可以忽略不计。

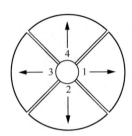

图 6-1　机载网络搭载的方向性天线模型

6.2.3　网络模型

　　UAV 群在飞行过程中，可能被同一片空域中存在的探测系统窃取信息。机载网络中的节点与探测系统节点间存在相对运动，当探测系统进入机载网络信号辐射范围时，认为网络中的通信暴露。机载网络在考虑信息传输路径保持低可探测性的同时，还考虑其能具有较长的可用时间，以连续传输更多信息。选择持续时间更长的传输路径还可以减少重路由的数量，这将减少路由建立过程中信令交互的频率，进一步降低通信暴露的风险。网络中的低可探测性路径如图 6-2 所示，在节点 A 向节点 E 传输信息的过程中，检测系统 S 进入波束 A2 的时刻比进入波束 A1 的时刻更晚，传输路径（A2-B1-D4-E）相比于传输路径（A1-C1-D4-E）有更长的生存时间。

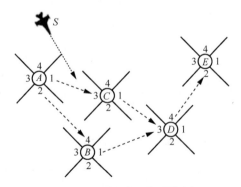

图 6-2　网络中的低可探测性路径

6.2.4　波束表

波束表（Beam Table）中记录着波束的生存时间，波束的生存时间取决于节点与检测系统的相对位置和运动状态。目前已有许多对目标进行定位监控的方法[5]，对目标运动状态跟踪估计的研究不是本书的重点。检测系统一般指飞行器，其在空中巡航的运动状态一般是恒定的。假设检测系统在较短时间内，相对于 UAV 群以恒定的相对运动状态（固定速度和方向）飞行。当检测系统位于波束辐射范围外时，认为该波束处于低可探测性状态。当检测系统趋向于接近波束时，其进入定向波束所需的时间即该波束的可用生存时间；当探测系统趋向于远离波束时，波束生存时间被记为 T_{max}。当检测系统在波束辐射范围内时，认为该波束处于高暴露风险状态，该波束生存时间为 0。

节点 P 周围 4 个波束辐射范围与检测系统 S 路径示意图如图 6-3 所示，B 点为检测系统 S 当前所在位置（波束辐射外围之外）。虚线表示检测系统 S 在当前运动状态下的运动路径，将经过波束 P_2 和波束 P_3。点 C 为 S 进入波束 P_2 辐射范围时与波束 P_2 的交点，检测系统 S 从当前位置点 B 到达点 C 所用的时间为波束 P_2 的生存时间。点 D 为 S 的运动轨迹与波束 P_3 的交点，S 从当前位置点 B 到达点 D 所用的时间为波束 P_3 的生存时间。

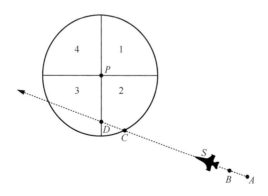

图 6-3　节点 P 周围 4 个波束辐射范围与检测系统 S 路径示意图

波束生存时间是低可探测性路由协议构建路由路径的重要指标。波束的生存时间被保存在波束表中，其结构如图 6-4 所示。各个节点维护一个单独的波束表，分别记录了各个波束对应的可用时间。在计算波束生存时间时，我们设置了安全距离 DS。当检测系统与当前节点间的距离大于 DS 时，认为该节点距离检测系统较远，其通信信号难以被检测系统探测到，所有波束的生存时间被设置为最大值 T_{max}。当检测系统与当前节点间的距离小于 DS 时，使用上文描述的方法计算所有方向性波束的可用时间，并将生存时间记录在节点维护的波束表中。

节点ID	波束	生存时间
节点		

图 6-4　定向波束节点的波束表结构

6.2.5　隐蔽路由策略

本节将介绍 DBLR（Directional-Based LDP Routing）协议。DBLR 协议在低可探测性的约束下，以最长路由生存时间为目标构建路由路径。路由的生存时间遵循木桶原理，即木桶的体积由组成木桶的最短木板决定。类似地，路由的生存时间是由组成路由的所有波束中可用时间最短的波束决定的。

1. **路由表**

DBLR 协议同时具有按需路由和表路由的特性。按需路由的特点是在有通信需求时才建立路由，相比于主动路由协议具有信令开销更小、适应网络拓扑变化能力强的优势。表路由的特点在于将大量的信息存储在路由表中。在信息传输时，数据包中只需要携带少量的信息即可实现正确的转发，这样做的优势是减少了信号传输时的开销。

定向波束节点的路由表结构如图 6-5 所示。其中，Destination_Address 是目的节点的地址；Next_Hop_Address 是当前节点通往目的节点下一跳节点的地址；Beam_to_Next_Hop 是当前节点通往下一跳节点的波束；Life_Time 是在当前转发节点（Forwarding Node，FN）到达目的节点的路由路径上，生存时间最短的波束生存时间；Hop count 是当前 FN 到目的节点所需经历的转发跳数。路由表与波束表配合使用，完成路由的建立。

Destination_Address	Next_Hop_Address	Beam_to_Next_Hop	Life_Time	Hop count

图 6-5　定向波束节点的路由表结构

2. RREQ 消息传播机制

在多跳机载网络通信中，较少的转发跳数意味着更短的通信距离和更好的传输质量。但在低可探测性的限制下，情况发生了变化。为了规避检测系统的探测，网络拓扑将发生更快的变化。这将导致频繁的重路由，增大路由建立的开销，浪费机载网络中稀缺的网络资源。选择生存时间较长的路由可以减少网络中的重路由。所以，目标是在路由表中生成源节点（SN）与目的节点（DN）之间具有低可探测性、长生存时间的双向路由。其中，由 DN 指向 SN 的低可探测性传输路径的建立，是通过网络中的节点对 RREQ 消息的转发和处理实现的。

DBLR 协议将 End_to_End_Delay 和 Life_Time 两个参数作为 RREQ 消息的转发依据。不同于传统距离向量路由的路由选择标准，最小传输跳数或最短通信时延不再是 DBLR 协议关注的重点。从本质上讲，DBLR 协议希望在路由断开之前交付更大的数据量。

定向波束路由的 RREQ 消息结构如图 6-6 所示。其中，Message_Type 被用来标识消息类型；Sequence_Number 被用来判断该 RREQ 消息是否已经重复处理；Destination_Address、Source_Address 分别为目的地址和源地址；在该 RREQ 消息被转发时，由当前转发节点将自己的本地地址写入 My_Address 字段；Life_Time 字段记录着当前节点到源节点的路由中，最短的波束生存时间；每经过一次转发，Hop_Count 加 1。

Message_Type	Sequence_Number	Destination_Address	Source_Address	My_Address	Life_Time	Hop_Count

图 6-6　定向波束路由的 RREQ 消息结构

（1）源节点处理：DBLR 协议在机载网络中，需要在 SN 与 DN 之间建立持续时间较长的低可探测性的双向传输路径。当 SN 需要与网络中的其他节点进行通信时，SN 使用方向性波束发送 RREQ 消息，启动路由探测。对于每个 RREQ 消息，从 SN 的波束列表中计算一个候选集 S_i，如式（6-1）所示。

$$S_i = \{b_i \in B_i | \text{BeamLifetime}(i) > 0\} \qquad (6\text{-}1)$$

其中，i 表示发送节点的发送波束编号，B_i 表示节点上可用波束的集合，b_i 表示发送节点上的任意一个波束，$\text{BeamLifetime}(i)$ 表示波束 i 的生存时间。

选择发送波束后，SN 将当前波束的 Life_Time 包含到 RREQ 消息中，然后使用候选集 S_i 中的波束广播 RREQ 消息。

（2）转发节点处理：由于 Sender 没有指定下一跳转发节点。在选择中继候选集时，所有收到 RREQ 消息的节点都有机会作为转发节点（FN）转发 RREQ 消息。FN 是否对 RREQ 进行转发，或对路由表进行更新，由 Sequence_Number 和 RREQ 消息中所标识的路由生存时间决定。

当 FN 收到了一个全新的 RREQ 消息时，首先，FN 根据消息中的内容，将一条指向 SN 的路由条目添加到路由表中。其中，路由表的 Destination_Address 字段写入 RREQ 消息中的 Source_Address，路由表的 Next_Hop_Address 字段写入 RREQ 消息中的 My_Address，路由表的 Beam_to_Next_Hop 字段写入当前 FN 上 RREQ 消息到达方向的对应波束。Life_Time 字段写入当前波束生存时间。将 RREQ 消息中的 Hop_Count 加 1 后，写入路由表中的 Hop count 字段。然后，FN 将对该消息进行转发。在转发 RREQ 消息之前，RREQ 消息中的信息将被更新。其中，My_Address 字段被更新为当前节点地址。Life_Time 字段被更新为 M_{bl}，M_{bl} 定义如式（6-2）所示。

$$M_{bl} = \min(T_r, T_b) \qquad (6\text{-}2)$$

其中，T_r 为 RREQ 消息中的路由生存时间；T_b 为当前 FN 上，指向 RREQ 消息到达方向对应波束的生存时间。Hop_Count 字段更新如式（6-3）所示。

$$\text{Hop\_Count} \leftarrow \text{Hop\_Count} + 1 \qquad (6\text{-}3)$$

当 FN 再次接收相同序列号、相同目的地址和源地址的 RREQ 消息时，首先，使用式（6-2）计算该消息指向 SN 的路由生存时间 M_{bl}，并从路由表中取出指向 SN 的路由条目的生存时间 T_{rt}。若 $M_{bl} > T_{rt}$，则根据该 RREQ 消息中的信息更新指向 SN 的路由条目，并更新转发该 RREQ 消息；若 $M_{bl} \leqslant T_{rt}$，则丢弃该消息。

（3）目的节点处理：当 DN 收到一个 RREQ 消息时，在路由表的操作方面，与 FN 相同。如果该消息是全新的，DN 按照与 FN 相同的方式在路由表中增加一条到达 SN 的路由条目。当再次收到相同的 RREQ 消息时，计算并比较该消息所标识的新路由的生存时间，决定是否对该路由条目进行更新。在消息的转发方面，DN 只有在第一次收到 RREQ 消息时，向 SN 发送一条 RREP 消息。接下来详细介绍 DBLR 协议对 RREP 消息的转发和处理。

3. RREP 消息传播机制

在 DBLR 协议中，对 RREP 消息的处理与传统路由有所不同。传统路由在 RREQ 阶段建立了一条由 DN 指向 SN 的传输路径，DN 回复的 RREP 消息将沿着这条路径转发给 SN，从而建立一条由 SN 到 DN 的反向路径，完成双向路由的建立。但在低可探测性的机载网络中，情况发生了一些变化。为了规避检测系统，使用 RREQ 消息建立的 DN 指向 SN 的传输路径，在 SN 向 DN 进行信息传输时却不一定具有较长的生存时间。RREP 消息建立的 SN 指向 DN 的传输路径与 RREQ 消息建立的 DN 指向 SN 的传输路径往往是不同的。这就要求具有低可探测性的机载网络路由协议不能直接按照 RREQ 消息传播的反向路径回复 RREP 消息，而是建立一条全新的传输路径。

（1）目的节点处理：DN 收到第一条 RREQ 消息时，将添加一条指向 SN 的路由条目。为了建立 SN 指向 DN 的传输路径，DN 将向 SN 发送一条 RREP 消息，该消息的结构与 RREQ 消息相同，通过 Message_Type 字段与 RREQ 消息进行区分。在这条 RREP 消息中，目的地址被设置为 RREQ 消息中 SN 的地址，源地址被设置为 RREQ 消息中 DN 的地址。DN 使用所有生存时间不为 0 的波束发送 RREP 消息，RREP 消息同样以机会转发的方式传播，所有收到 RREP 消息的节点都有机会转发该消息。

（2）转发节点处理：FN 收到 RREP 消息后，使用与 RREQ 消息相同的判决方式决定响应或丢弃该消息。FN 中路由条目的新增、更新条件及 RREP 消息的转发条件与 FN 对 RREQ 消息的处理规则相同。

（3）源节点的处理：SN 收到目的地为自己的 RREP 消息后，首先在路由表中添加一条指向 DN 的路由条目，路由建立完成；然后，SN 将缓存中的待发送数据包取出，并通过已经建立的路由路径进行发送。当再次收到相同的 RREP 消息时，计算该条路由的生存时间 M_{bl}，并与路由表中对应路由条目的生存时间 T_{rt} 进行比较。

若 $M_{bl} \leqslant T_{rt}$，丢弃该 RREP 消息；若 $M_{bl} > T_{rt}$，将该 RREP 消息中的信息更新到对应的路由条目中。再次发送数据包时，SN 将使用新的路径进行发送。

6.2.6 仿真结果

本节在 ns-3 中通过仿真评估了 DBLR 协议的性能。节点在网络中的分布示意图如图 6-7 所示。其中，机载网络中的节点相对位置保持不变，非合作目标以稳定的相对运动状态（相对速度、相对方向不变）从仿真区域边缘进入仿真区域。所展示的数据取 5 次仿真的平均值，每次仿真随机选取 2 个节点，分别作为源节点和目的节点。DBLR 协议是一种按需路由协议，所以选取了一种经典的按需路由协议 AODV 作为比较对象。同时，基于经典的按需路由协议 AODV，将其与定向传输结合，设计为 AODV-D（定向 AODV）协议，作为对照协议。在建立路由时，AODV-D 使用方向性波束发送 RREQ 寻路消息。AODV-D 使用与 AODV 相同的距离向量度量作为 RREQ 消息转发处理的依据，建立由 DN 指向 SN 的路由路径 A。DN 收到 RREQ 消息后沿着路径 A 的反向传输路径传输 RREP 消息，建立由 SN 指向 DN 的路由。配套使用的 MAC 协议为 MAC-ALOHA。

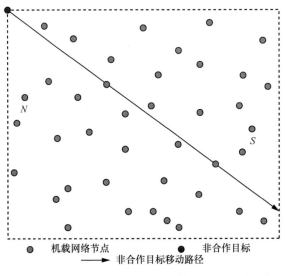

图 6-7 节点在网络中的分布示意图

仿真参数设置见表 6-1。DBLR、AODV-D 和 AODV-DR 3 种协议遵循相同的约束条件，即目标进入活跃波束辐射范围后，该波束将不再可用。若该波束为路由路径上的活跃波束，则此时传输路径断开，需要重新建立可用的传输路径。本节将从投递率、吞吐量、端到端时延 3 个方面展示协议的性能。

表 6-1　仿真参数设置

仿真参数	参数值	仿真参数	参数值
节点分布范围	50km×50km	物理层数据速率	11Mbit/s
节点数量	40	调制方式	直接序列扩频
节点通信距离	10km	定向波束角度	90°
无线电传播速度	$3×10^8$m/s	仿真时长	200s
数据包产生频率	50/s	数据包大小	1500Byte
非合作目标数量	1	非合作目标相对速度	800m/s

1. 投递率

数据包投递率 P 反映了网络的可靠性和稳定性，投递率越高，说明网络中的数据传输越可靠、网络越稳定。这里将数据包投递率定义为被成功接收的数据包数量与源节点产生的数据包数量之比。

选取图 6-7 中节点 S 向节点 N 发送数据的过程作为案例，以更清晰地展示各种协议在 LDP 约束下的性能表现。整个仿真周期内，不同路由协议在低可探测性（LDP）约束下的投递率特性如图 6-8 所示。DBLR 协议在整个生命周期内均表现出较高的投递率。在初始阶段，DBLR 协议建立了生存时间较长的传输路径 $A1$。在 144s 时，NCT 进入路径 $A1$。这时，重路由导致投递率略微下降。DBLR 协议迅速建立起第二条传输路径 $A2$，在 144s 之后的传输成功率依然保持在较高的水平，直到仿真结束。

对于 AODV-D 协议，初始时刻建立传输路径 $B1$ 持续时间约为 48s。此时，由于 NCT 进入路径 $B1$ 信号的被检测范围，路由被断开。重路由导致投递率有所下降。此时，AODV-D 协议以较快的速度建立了新的传输路径 $B2$，并持续到 112s。路径 $B2$ 失效后，AODV-D 协议进行了多次重路由，均未能建立有效的传输路径。在 126s 时才重新建立了路径 $B3$，并持续到 136s。在 112～126s，由于没有可用的传输链路，大量的数据包传输失败，导致投递率剧烈下降。在 136s 路径 $B3$ 失效后，AODV-D 协议以较快的速度建立了传输路径 $B4$。由此，AODV-D 协议的投递率开始提升。

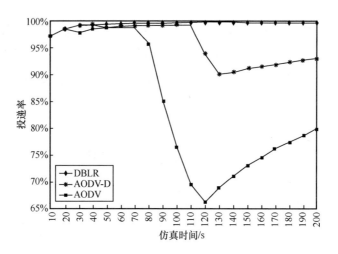

图 6-8　不同路由协议在 LDP 约束下的投递率特性

对于 AODV 协议，初始时刻建立的传输路径 $C1$ 持续到约 25s。在约 25s 时建立新的传输路径 $C2$，路径 $C2$ 持续到约 77s，重路由导致投递率有所下降。在约 77s 路径 $C2$ 断开后，直到 116s 左右才重新建立传输路径 $C3$。在 77s 到 116s 这段时间里没有可用的传输路径，这导致 AODV 协议的投递率大幅下降。路径 $C3$ 稳定传输信息至仿真结束，这是 AODV 的投递率在最后出现上升的原因。

3 种协议的平均投递率特性如图 6-9 所示。DBLR 协议显示出最优的投递率特性。DBLR 协议由于倾向于选择生存时间较长的传输路径，所以在整个仿真周期内重路由的次数较少。且 DBLR 协议在重路由时，由于非合作目标已经跨过传输距离较短的路径，此时，传输距离较短的路径表现出较长的生存时间，这导致 DBLR 协议在重路由时有较大的可能性选择这种较好的传输路径。因为这种路径有更好的传输特性，从而使路由的建立更加容易。AODV-D 协议表现出比 DBLR 协议差的投递率特性。这是因为 AODV-D 协议的距离向量度量容易选择时延最短的传输路径，该路径在 LDP 约束下可能有较短的生存时间。频繁的重路由将严重影响网络的传输性能，也将有更大的风险导致路由建立失败。AODV 协议表现出最差的投递率特性，这是由于使用全向天线的 AODV 路由协议建立的传输路径有更大的信号被检测范围，这意味着更短的路由生存时间。在重路由时，由于信号的被检测范围大，AODV 协议选择下一跳传输节点时也将有更大的限制，这进一步导致路由建立困难。

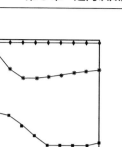

图 6-9　3 种协议的平均投递率特性

2. 吞吐量

网络吞吐量被定义为单位时间内成功传输的比特数。数据包发送频率越高，单位时间内网络传输的数据量越大。不同协议在 LDP 约束下的吞吐量特性如图 6-10 所示。平均吞吐量的变化情况如图 6-11 所示。由于数据包的发送频率和大小是相同的，所以 3 种协议的吞吐量表现出与投递率正相关的特性。DBLR 协议在 LDP 约束下表现出最好的吞吐量特性。由于生存时间耗尽且未能快速建立新的传输路径，AODV-D 协议的吞吐量特性稍差。AODV 协议因为最早断开活跃路由且未能快速重新建立新的路由，表现出最差的吞吐量特性。

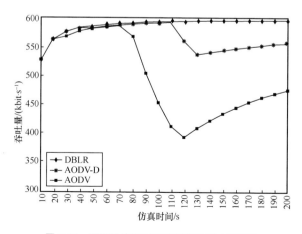

图 6-10　不同协议在 LDP 约束下的吞吐量特性

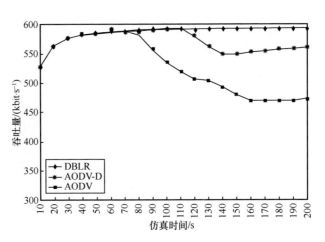

图 6-11　平均吞吐量的变化情况

3. 端到端时延

端到端时延被定义为从数据包产生到数据包被成功接收所经历的时间。不同协议源节点到目的节点的端到端时延如图 6-12 所示。AODV 协议和 AODV-D 协议具有较低的端到端时延，这是因为它们倾向于选择时延较低的传输路径，且传输失败的数据包不在统计范围之内。DBLR 协议具有较高的端到端时延，这是由于在 LDP 约束下，具有较长生存时间的传输路径通常需要绕行更远的传输距离。DBLR 协议的时延特性在 140s 之后呈现下降趋势，这是因为此时 NCT 已经越过时延较低的路径，且此时这种路径具有较长的生存时间。重路由后 DBLR 协议选择了生存时间长且时延低的传输路径。

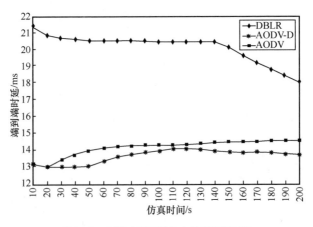

图 6-12　源节点到目的节点的端到端时延

　　3 种协议的平均端到端时延如图 6-13 所示，AODV 协议和 AODV-D 协议具有较低的平均端到端时延。随着仿真的进行，AODV 协议和 AODV-D 协议的时延逐渐增加。这是因为初次建立路由时它们选择了时延最低的传输路径。当路径不再可用时，协议在重路由时选择了时延更高的传输路径。DBLR 协议有较高的平均端到端时延，这是因为初次计算传输路径时，生存时间较长的传输路径通常需要绕行更远的传输距离。DBLR 协议在约 120s 时的时延上升是因为某次仿真中 DBLR 协议第一次计算路由时选择了一条时延较低的传输路径，在重路由时选择了一条绕行更远的传输路径。一段时间后，平均端到端时延下降，这是因为在更多次的仿真中，重路由过程开始较晚，且重路由后 DBLR 协议更倾向于选择时延更低的传输路径。

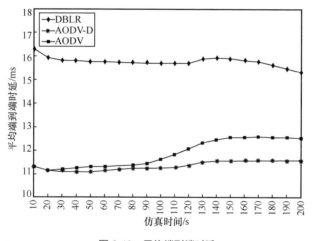

图 6-13　平均端到端时延

6.3　声电协同通信网络 LDP 路由

6.3.1　网络模型

　　网络中有两种类型的节点：水下节点（Underwater Node，UN）和水面节点（Surface Node，SurN）。网络模型如图 6-14 所示，在海洋表面部署了既装有声学调制解调器又装有无线电调制解调器的声电浮标节点，它们利用声波信号与水下传感器节点进行通信，利用无线电信号与其他水面终端进行通信。这些 SurN 作为网关，均匀分布于被监控区域的水面上，负责连通水声通信子网与水面无线电子网。UN 被固定在被监控区域的水下。UN 可以使用自身装备的传感器观察海底数据，或对水下目标进行探测监控。多个 UN 间的信息交互可以通过方向性波束向 SurN 传输。信息由 SurN 接收后，SurN 使用水面无线电网络对信息进行高速的转发。

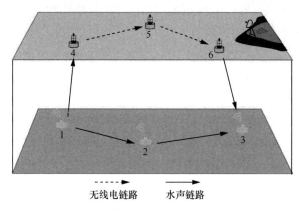

图 6-14　网络模型

在网络部署区域内，可能会有一个或多个 NCT 出现在该区域周围或穿越该区域，每个节点都可以通过被动声探测技术感知这些 NCT。网络中的节点通过协作感知的方式对它们的位置及运动状态进行估计，目前已有多种成熟的感知定位技术，使用这些技术可以获得目标的位置、速度、方向信息。本章主要讨论 ARCCNet 中低可探测性信息传输路径的构建，对目标的定位和跟踪不是本章讨论的重点。

6.3.2　节点模型

网络中的节点模型具有两个单独的模式：全向模式和定向模式。全向模式仅用于接收信号，而定向模式用于发送和接收信号。在全向模式下，节点能够接收来自各个方向的信号。当信道空闲时，一旦检测到信号，节点就可以确定最强信号的方向，进入定向模式。该节点可以使用定向波束与发射机通信，波束方向为接收信号最强的方向。节点进行信令交互时，使用所有生存时间非零的波束，向各个方向发送信息，使信号覆盖周围的区域。

SurN 位于水面上，可以通过 GPS 确定自身的位置信息。同时，SurN 还可以辅助水下节点的定位和时间同步。SurN 配备有水面全向无线电波束和指向下方的定向水声通信波束，水面无线电波束编号为 0，水声通信波束编号为 6。其中，无线电通信设备的工作方式为全向收发半双工；垂直指向海底的定向半双工水声通信设备，收发方式为全向接收定向发送。

UN 是位于水下的水声阵列，收发方式为全向接收定向发送。UN 配备有指向右、左、前、后、上、下 6 个方向的定向水声通信波束，依次编号为 1~6，波束角度为 θ。水声通信设备的工作方式为全向接收定向发送，波束角度为 θ。UN 的定向波束示例如图 6-15 所示。其中，图 6-15（a）为水平方向定向波束示例，图 6-15（b）为垂直方向定向波束示例。

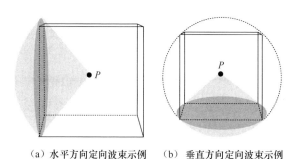

（a）水平方向定向波束示例　　（b）垂直方向定向波束示例

图 6-15　定向波束示例

6.3.3　问题描述

通过一个例子来描述低可探测性约束下的路由问题。低可探测性约束下的信息传输路径如图 6-16 所示，其中 S 表示 NCT。可以看出，S 通过信息传输路径 3 的时间晚于 S 通过路径 1 和路径 2 的时间。这意味着在 LDP 约束下，路径 3 比路径 1 和路径 2 具有更长的寿命。当源节点（SN）打算向目的节点（DN）发送数据包时，基于最短时延测量的路由，如 DSR 和 AODV，倾向于选择路径 1 作为传输路径。当 S 接近路径 1 时，路径 1 将被停用以避免通信暴露。

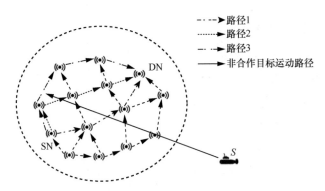

图 6-16　低可探测性约束下的信息传输路径

在最短时延度量下，接下来路径 2 更有可能被选择为新的路由路径。因为路径 1 和路径 2 彼此靠近，所以当 S 接近路径 2 并且路径 2 变为无效时，路径 1 和路径 2 可能都不可用。在这种情况下，路由协议选择路径 3 作为新信息传输的路径。在这个过程中，重路由过程被频繁地激活，这导致了显著的信令开销与低传输效率。路由协议设计思路如下。

同样以图 6-14 中的网络模型为例，简要说明 DRA-LDP 路由协议的设计思路。水声网络通信质量较差，路由建立需要经历较长的时间。在 LDP 约束下设计路由协议时，不仅要考虑路由路径的跳数，还要考虑路由路径的寿命，以实现信息的连续传输。当路由协议第一次建立路由时，可以选择路径 3 作为路由路径，以便信息可以在更长的时间内连续传输。所设计的 DRA-LDP 路由协议更倾向于选择路径 3 作为信息传输路径。

在 UAN 中，将路径 3 作为代表的长路由生存时间传输路径，信息的传输往往需要绕行较远的距离，这往往导致高传播时延及更差的通信质量。在 ARCCNet 中，水面无线电链路可以为整个网络的传输性能带来提升。水面无线电信号的传输并不会对水下 NCT 造成影响。DRA-LDP 路由协议在 ARCCNet 中将有更加出色的表现。

6.4　定向声电低可探测性路由

本节介绍 DRA-LDP 路由协议的实现细节。DRA-LDP 路由协议在 LDP 约束下，通过构建具有长生存时间的信息传输路径，减少重路由，实现信息的连续高效传输。网络中的信息传输路径由多个波束组成。因此，信息传输路径的生存时间由构成信息传输路径的所有波束中 LifeTime 最短的波束决定。

6.4.1　路由生存时间

波束的生存时间是 DRA-LDP 路由协议构建路由路径的重要参考。NCT 进入探测节点布设区域后，将被探测网络定位监控。其位置信息和运动信息将被正在监控该目标的节点使用低可探测性波束发送给网络中的其他节点。网络中收到目标信息的节点将计算自身所有波束的生存时间，并保存在波束表（Beam Table）中。第 6.4.2 节将详细介绍波束表。为了节约算力，设置了安全距离 DS。当目标与当前节点间的距离大于 DS 时，节点上所有波束的生存时间被设置为最大值 T_{max}。

波束的 Life_Time 定义为从当前时间到 NCT 进入目标波束检测范围前的一段时间。节点上所有波束的 Life_Time 都记录在波束表中，Life_Time 取决于节点和 NCT 的相对位置和运动状态。假设 NCT 在一段时间内，以恒定的运动状态在固定的深度运动。当 NCT 的位置在波束的辐射范围之外时，波束处于低可探测性状态。当 NCT 的位置接近波束时，节点基于对 NCT 位置和移动速度的估计来计算波束的 Life_Time。当 NCT 远离波束时，波束的 Life_Time 被设置为最大值 T_{max}。此外，当 NCT 在波束辐射范围内时，波束寿命为 0，并且波束被认为处于高暴露风险状态。

水下节点的波束生存时间示例如图 6-17 所示。图 6-17 中 NCT 使用符号 S 表示。水下节点模型为 S 所在深度的波束截面。其中水平方向的波束与水平面的交线为抛物线，垂直方向的波束与截面的交线为圆。A 是轨迹 L 的起点，B、C、D 是轨迹 L 上的其他点，考虑参考点 B，令 T_a 表示 S 从 A 移动到 B 所花费的时间。S 的运动状态包括速度和方向，可以通过参考点 A、B 和 T_a 来获得。S 在当前运动状态下的运动路径为 L，它将穿过波束 2 和波束 3。从当前时刻到 S 进入波束的时间，记为该波束的 Life_Time。对于其他与 S 运动轨迹没有交点的波束，Life_Time 记为最大值 T_{max}。在图 6-17（a）中，S 的位置在节点 P 的波束的可检测范围之外，节点 P 上的所有波束都可以正常使用。在图 6-17（b）中，S 的位置在波束 2 的可检测范围内，波束 2 的生存时间是 0。在图 6-17（c）中，S 离开波束 2 并进入波束 3 的可检测范围，波束

3 的寿命为 0，其他波束可以正常使用。在图 6-17（d）中，S 的位置在节点 P 的所有波束的可检测范围之外，所有波束都可以正常使用。对于 SurN，其无线电通信波束不会对水下目标造成影响，生存时间被设置为 $T_{\max}$。SurN 的水声波束生存时间计算原理与 SN 中的方式相同。

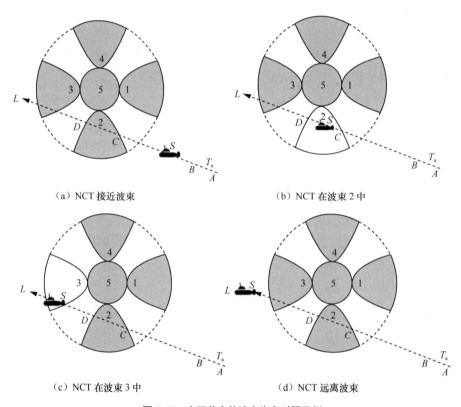

（a）NCT 接近波束　　　　　　　　　（b）NCT 在波束 2 中

（c）NCT 在波束 3 中　　　　　　　　（d）NCT 远离波束

图 6-17　水下节点的波束生存时间示例

6.4.2　波束表

波束表中记录着波束的生存时间，波束的生存时间取决于节点与 NCT 的相对位置和运动状态。目前已有许多水下时间同步[6]和水下定位[7]的研究，对目标运动状态跟踪估计的研究不是本章讨论的重点。NCT 一般指无人/有人潜航器、迁徙中的海洋哺乳动物等，假设这些 NCT 在一段时间内的运动状态是恒定的。当 NCT 位于波束辐射范围外时，认为该波束处于低可探测性状态。当 NCT 趋向于接近波束时，其进入定向波束所需的时间，即该波束的可用生存时间；当 NCT 趋向于远离波束时，波束生存时间被记为 T_{max}；当 NCT 在波束辐射范围内时，认为该波束处于高暴露风险状态，该波束生存时间为 0。SurN 和 UN 的波束表结构分别如图 6-18、图 6-19 所示。

节点	波束编号	生存时间
水面节点	0	
	6	

图 6-18　SurN 的波束表结构

节点	波束编号	生存时间
水卜节点	1	
	2	
	3	
	4	
	5	
	6	

图 6-19　UN 的波束表结构

6.4.3　路由度量

在多跳水声通信中，传输距离较短的传输路径意味着较低的通信时延。而且，较短的通信距离往往具有更好的通信质量。但是在 ARCCNet 中，情况发生了变化。由于 NCT 的移动，网络连接拓扑也将随之发生动态变化。网络连接拓扑的频繁变化将导致频繁的重路由，浪费大量稀缺的网络资源，降低网络的传输性能。DRA-LDP 路由协议以最大路由生存时间为目标构建信息传输路径。

6.4.4　路由表

DRA-LDP 路由协议同时具有按需路由和表路由的特性。结合定向波束的节点路由表结构如图 6-20 所示。其中，Destination_Address 是目的节点的地址；Next_Hop_Address 是当前节点通往目的节点下一跳节点的地址；Beam_to_Next_Hop 是当前节点可达下一跳节点的波束；Life_Time 是当前转发节点（FN）到达目的节点的路由路径上，生存时间最短的波束生存时间；Hop_Count 是当前 FN 到目的节点所需经历的转发跳数；Time_Stamp 记录了该路由条目被添加或更新的时刻。路由表与波束表配合使用，完成信息传输路径的建立。

Destination_Address	Next_Hop_Address	Beam_to_Next_Hop	Life_Time	Hop_Count	Time_Stamp

图 6-20　结合定向波束的节点路由表结构

6.4.5　路由请求消息传播过程

DRA-LDP 路由协议构建 SN 和 DN 之间的双向路由传输路径，传输路径具有低可探测性和长路由生存时间。在双向传输路径的建立过程中，从 DN 指向 SN 的路由是通过转发和处理 RREQ 消息来实现的。

最低时延不再是 DRA-LDP 路由协议的唯一关注点。它不同于传统的路由协议，如 AODV 和 DSR，它们使用距离向量作为路线选择的标准。实际上，距离向量度量等效于最短时延度量。DRA-LDP 路由协议使用路由生存时间作为 RREQ 消息转发的度量标准。

声电协同定向波束的 RREQ 消息结构如图 6-21 所示。在 RREQ 消息中，Message_Type 用于区分不同的消息类型，如 RREQ 或 RREP 消息。生成 RREQ 消息时，会为它们分配唯一的序列号（Sequence_Number），Sequence_Number 表示

RREQ 消息的唯一性。转发 RREQ 消息不会更改其序列号。Destination_Address 表示 DN 的地址，Source_Address 表示 SN 的地址。当转发 RREQ 消息时，当前节点将其本地地址写入 RREQ 中的 My_Address。在当前节点到源节点的路由路径中，最短的波束寿命记录在 RREQ 消息的 Life_Time 字段中。每次转发 RREQ 消息时，Hop_Count 都会增加 1。Time_Stamp 表示该消息中 Life_Time 的写入或更新时刻。

Message_Type	Sequence_Number	Destination_Address	Source_Address	My_Address	Life_Time	Hop_Count	Time_Stamp

图 6-21　声电协同定向波束的 RREQ 消息结构

1. 源节点发送

提出的 DRA-LDP 路由协议在 ARCCNet 中，需要建立一条传输性能高、对 NCT 具有低可探测性的信息流的传输路径。当 SN 需要与网络中的其他节点进行通信时，SN 使用方向性波束发送 RREQ 消息，启动路由探测。对于每个 RREQ 消息，从 SN 的波束列表中计算一个发射波束候选集 S_i，候选集的定义如下。

$$S_i = \{b_i \in B_i \mid \text{BeamLifetime}(i) > \Phi_{\text{th}}\} \tag{6-4}$$

其中，i 为节点上的波束编号，B_i 表示节点上的可用波束集合，b_i 表示节点上的任意波束，Φ_{th} 表示波束生存时间的阈值，$\text{BeamLifetime}(i)$ 表示波束 i 的生存时间。

节点选择发送波束后，SN 将当前波束 Life_Time、Time_Stamp 等信息记录在 RREQ 消息中，然后传播 RREQ 消息。对于 SN，其使用波束表中所有生存时间大于 Φ_{th} 的波束传播 RREQ 消息。

2. 中继节点转发

接收到 RREQ 消息的每个节点都有机会充当 FN 并转发 RREQ 信息。FN 转发 RREQ，并根据 RREQ 消息中的序列号和波束生存时间更新路由表。接下来介绍 FN 接收 RREQ 消息时的处理细节。

当 FN 接收到新的 RREQ 消息时，FN 在路由表中添加一个指向 SN 的路由条目。在这个路由条目中，Destination_Address 是 RREQ 消息中的 Source_Address。Next_Hop_Address 地址是 RREQ 消息中的 My_Address。Beam_to_Next_Hop 是当前节点上指向 RREQ 消息来源方向的波束编号。路由条目中的 Life_Time 字段记录着当前节点指向源节点的路由中最短的波束生存时间。每经过一次转发，Hop_Count 加 1。Time_Stamp 为 RREQ 消息中 Life_Time 的更新时刻。RREQ 消息中的信息被更新后，FN 将转发这些更新后的 RREQ 消息。当 RREQ 消息更新时，RREQ 信息中的 My_Address 字段将更新为当前节点地址。Life_Time 被更新为 M_{bl}，其取值由式（6-5）决定。

$$M_{bl} = \min(T_r, T_b) \tag{6-5}$$

其中，T_r 的取值为 RREQ 消息中的 Life_Time−(当前时刻−Time_Stamp)，T_b 的取值为当前节点上指向 RREQ 消息来源方向的波束生存时间。Hop_Count 的取值如式（6-6）所示。

$$Hop\_Count = Hop\_Count + 1 \tag{6-6}$$

当 FN 再次接收到具有相同序列号、目的地址和原始地址的 RREQ 消息时，与直接丢弃重复 RREQ 消息的基于最短路径度量的路由协议不同，DRA-LDP 路由协议需要对重复消息进行进一步处理。FN 使用式（6-2）计算从当前节点到 SN 的路径的寿命值 M_{bl}。此外，FN 将其与路由表中指向 SN 的路由条目的生存期值进行比较，该生存期值被定义为 T_{rt}。如果 $M_{bl} > T_{rt}$，则 FN 将 RREQ 消息中的信息更新到指向 SN 的路由条目中，并更新转发 RREQ 消息；如果 $M_{bl} \leqslant T_{rt}$，则 FN 丢弃 RREQ 消息。

3. 目的节点接收

目的节点在收到一条 RREQ 消息时，其对 RREQ 消息和路由表的处理过程类似于 FN。DN 收到的是一条新的 RREQ 消息，则 DN 使用与 FN 处理路由表相同的方式，向路由表中添加一条指向 SN 的路由条目。当 DN 接收到重复的 RREQ 消息时，它使用式（6-2）计算指向 SN 的路由的寿命 M_{bl}。此外，DN 将其与路由表中指向 SN 的路由条目的寿命值进行比较。如果 $M_{bl} > T_{rt}$，则 DN 将 RREQ 消息中的信息更新到 SN 的路由条目中。如果 $M_{bl} \leqslant T_{rt}$，则 DN 将丢弃此 RREQ 消息。在消息转发方面，DN 在添加或更新路由条目时向 SN 发送 RREP 消息，运行 DRA-LDP 路由协议的节点将处理和转发 RREP 消息，这将在第 6.4.6 节中描述。

6.4.6 路由返回消息传播过程

在 DRA-LDP 路由协议中，对 RREP 消息的处理与传统路由有所不同。传统路由在 RREQ 阶段建立了一条 DN 通往 SN 的路由路径，DN 回复的 RREP 消息将沿着这条路径转发给 SN，从而建立一条由 SN 到 DN 的反向路径，完成双向路由的建立。但在 LDP 约束下，情况发生了一些变化。为了规避 NCT，使用 RREQ 消息建立的 DN 到 SN 的传输路径，在 SN 向 DN 传输信息时却不是最适合的。SN 指向 DN 的传输路径通过 RREP 消息建立，DN 指向 SN 的传输路径由 RREQ 消息建立。正向和反向的最长生存时间信息传输路径往往是不一致的。这就要求在 LDP 约束下的路由协议设计不能直接按照 RREQ 消息传播的反向路径回复 RREP 消息，而是应该建立一条全新的传输路径。

1. 目的节点发送

当 DN 第一次接收到 RREQ 消息时，指向 SN 的路由条目被添加到 DN 的路由表中。为了建立 SN 到 DN 的路由路径，DN 将向 SN 泛洪 RREP 消息，该消息具有与 RREQ 消息相同的结构。RREP 消息中的 Message_Type 字段被用来区分 RREQ 消息和 RREP 消息类型。RREP 消息中的 Destination_Address 被设置为 RREQ 消息中的 Source_Address，RREP 消息中的 Source_Address 被设置为 RREQ 消息中的 Destination_Address。DN 通过所有 Life_Time > Φ_{th} 的波束发送 RREP 消息。RREP 消息以机会转发模式传播，所有收到 RREP 消息的节点都有机会转发该 RREP 消息。

2. 中继节点转发

当 FN 接收到 RREP 消息时，其使用与处理 RREQ 消息时相同的标准来响应或丢弃该消息。路由条目的新增、更新及 RREP 消息的转发等与 FN 处理 RREQ 消息的规则相同。

3. 源节点接收

当 SN 接收到目的节点为 SN 的 RREP 消息时，在路由表中添加一条指向 DN 的路由条目，并通过该路由条目指示的传输路径发送队列中缓存的数据包。当 SN 接收到具有相同序列号的 RREP 消息时，使用式（6-2）计算指向 DN 的路径的寿命值 M_{bl}。同时，SN 从路由表中获取指向 DN 的路由条目的生存时间 T_{rt}。如果 $M_{bl} \leqslant T_{rt}$，则 SN 丢弃 RREQ 消息。如果 $M_{bl} > T_{rt}$，则 SN 根据 RREP 消息中的信息，更新指向 DN 的路由条目。

6.5 仿真验证与性能比较

本节在 ns-3 中通过仿真评估了 DRA-LDP 路由协议的性能。仿真中使用 Throp 水声信道传输模型[8]，并考虑了水声信号的衰减和来自邻居节点的干扰。水声通信距离为 5km。水声探测节点固定于 3000m 水深处。配合路由协议使用的 MAC 协议为 Pure ALOHA。所有场景的模拟过程重复 10 次，取平均值。仿真参数设置见表6-2。节点分布示意图如图6-22所示。NCT 在水下固定深度巡航，穿过水下探测阵列所布放的区域。

表 6-2 仿真参数设置

仿真参数	参数值	仿真参数	参数值
节点分布范围	30km×30km×3km	仿真时长	2000s
水面节点数量	16	水声通信数据速率	9600bit/s
水下节点数量	40	水声通信中心频率	15kHz
安全距离 DS	20km	水声通信带宽	20kHz
数据包发送间隔	3s	数据包大小	400Byte
无线电通信距离	5km	水声通信调制方式	QPSK
NCT 数量	1	NCT 移动速度	10m/s
定向波束宽度	90°	生存时间阈值	5s

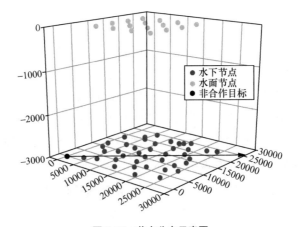

图 6-22 节点分布示意图

仿真中选取 AODV 协议作为对比协议，AODV 协议使用全向水声通信波束。AODV 与 DRA-LDP 路由协议在运行过程中遵循低可探测性原则，即 NCT 进入活跃波束后，当前活跃波束不再可用。仿真对比了不同协议在不同网络拓扑下的传输性能。为了降低信息广播造成的暴露风险，AODV 与 DRA-LDP 路由协议均不使用周期性的 HELLO 握手信令交互邻居信息。

6.5.1　投递率分析

路由协议的投递率特性如图 6-23 所示，展示了不同时刻、不同浮标节点数量下，路由协议的投递率特性。其中 16buoy 表示协议运行于含有 16 个浮标节点的 ARCCNet 中，0buoy 表示协议运行于不含浮标节点的 UAN 中。DRA-LDP 路由协议在 ARCCNet 中表现出最优的投递率特性。由于 DRA-LDP 路由协议能够较好地利用水面无线电通信链路构建 LDP 传输路径，该路径受水下 NCT 的影响较小。DRA-LDP 路由协议在没有无线电链路加持的 UAN 中表现稍差，但由于 DRA-LDP 路由协议构建了具有较长生存时间的信息传输路径，所以其在更晚的时刻发起重路由。更少和更晚的重路由发起使网络的传输性能下降较晚，使用定向波束构建的信息传输路径有更大的概率规避 NCT，有助于信息传输路径的成功构建。

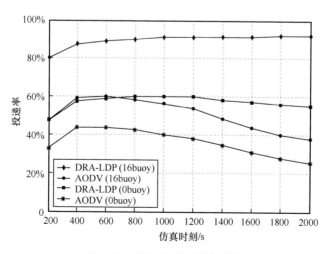

图 6-23　路由协议的投递率特性

AODV 协议在水声链路中使用全向天线。相比于定向天线，全向天线的辐射范围更大。在 LDP 约束下，全向天线的辐射信号有更大的概率被 NCT 接收到，这使得 AODV 协议无论在 ARCCNet 或 UAN 中均表现出较差的投递率特性。同样由于全向天线的辐射范围较大，当 NCT 进入传输路径中的活跃波束时，相邻节点的全向天线很可能也处于不可用状态。这使得 AODV 协议使用距离向量度量重新建立具有最低时延的信息传输路径变得更加困难。

6.5.2 端到端时延分析

路由协议的端到端时延特性如图 6-24 所示，展示了不同时刻、不同浮标节点数量下，路由协议的端到端时延特性。DRA-LDP 路由协议在 ARCCNet 中表现出最优的端到端时延特性。而在 UAN 中，LDP 约束下具有长生存时间的信息传输路径往往具有较多的转发跳数与较长的传输距离。多跳转发增加了数据包的发送和接收时延，长传输距离增加了数据包的传播时延。所以，DRA-LDP 路由协议在 UAN 中选择的长生存时间信息传输路径，表现出最差的端到端时延特性。在 LDP 约束下，当旧的长生存时间、长端到端时延的传输路径过期后，新的长生存时间信息传输路径将表现出低端到端时延特性。所以重路由后，DRA-LDP 路由协议选择的信息传输路径时延有所降低。

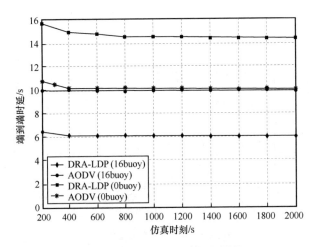

图 6-24　路由协议的端到端时延特性

AODV 协议在 UAN 中倾向于选择端到端时延最低的信息传输路径, 所以 AODV
协议选择的信息传输路径具有比 DRA-LDP 路由协议更低的端到端时延。在 LDP 约
束下, AODV 协议在 ARCCNet 中仅表现出比在 UAN 中稍低的端到端时延特性。
这是由于 AODV 协议在寻路时的 RREQ 消息迅速在使用无线电链路的浮标节点
上交互完成。所有的浮标节点几乎在同时使用水声通信波束向水声信道中广播
RREQ 消息。此时, RREQ 消息在水下的同时转发极易引起碰撞, 进而导致信息
传输失败。在多次仿真中, AODV 协议仅在 ARCCNet 中建立了与 UAN 中类似的
信息传输路径。

6.5.3　吞吐量分析

在其他网络参数相同的情况下, 数据包的投递率越高, 网络吞吐量就越高, 单
位时间内网络传输的数据量也越大。协议在不同时刻的吞吐量特性如图 6-25 所
示, 展示了不同时刻、不同浮标节点数量下路由协议的网络吞吐量特性。由于
数据包的发送频率和大小是相同的, 所以协议的吞吐量表现出与投递率正相关
的特性。在 LDP 约束下, 无论在 ARCCNet 中还是在 UAN 中, DRA-LDP 路由
协议均表现出比 AODV 协议更好的吞吐量特性。

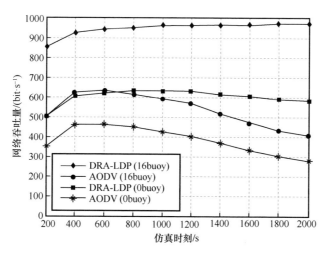

图 6-25　协议在不同时刻的吞吐量特性

6.6　本章小结

　　本章提出了一种考虑 LDP 的路由协议——DRA-LDP 路由协议。DRA-LDP 路由协议结合了按需路由与定向天线的特点，在保持信息传输路径具有 LDP 的前提下，实现了较好的网络传输性能。DRA-LDP 路由协议在常规的 UAN 中，投递率与网络吞吐量的提升需要以牺牲端到端时延性能为代价。而在 ARCCNet 中，DRA-LDP 路由协议在投递率、端到端时延、吞吐量方面均可以保持较高的性能。值得注意的是，DRA-LDP 路由协议可以与各种信号检测模型相适配，从而拓展 DRA-LDP 路由协议的应用。

参考文献

[1]　WANG L G, WORNELL G W, ZHENG L Z. Fundamental limits of communication with low probability of detection[J]. IEEE Transactions on Information Theory, 2016, 62(6): 3493-3503.

[2]　YAN Q, JIANG J F, HAN G J. A directional transmission based opportunistic routing in underwater acoustic sensor networks[C]//Proceedings of the 2021 Computing, Communications and IoT Applications (ComComAp). Piscataway: IEEE Press, 2021: 253-257.

[3]　RAYMOND J F. Traffic analysis: protocols, attacks, design issues, and open problems[M]//FEDER 路径 H. Designing Privacy Enhancing Technologies. Heidelberg: Springer, 2001: 10-29.

[4]　HUANG Z C, SHEN C C. A comparison study of omnidirectional and directional MAC protocols for ad hoc networks[C]//Proceedings of the Global Telecommunications Conference, 2002. GLOBECOM'02. IEEE. Piscataway: IEEE Press, 2003: 57-61.

[5]　UMMENHOFER M, KOHLER M, SCHELL J, et al. Direction of arrival estimation techniques for passive radar based 3D target localization[C]//Proceedings of the 2019 IEEE Radar Conference (RadarConf). Piscataway: IEEE Press, 2019: 1-6.

[6]　LIU J, ZHOU Z, PENG Z, et al. Mobi-sync: efficient time synchronization for mobile underwater sensor networks[C]//Proceedings of the 2010 IEEE Global Telecommunications Conference GLOBECOM. Piscataway: IEEE Press, 2010: 1-5.

[7]　ZHANG J C, HAN Y F, ZHENG C E, et al. Underwater target localization using long baseline positioning system[J]. Applied Acoustics, 2016, 111: 129-134.

[8]　THORP W H. Deep-ocean sound attenuation in the sub- and low-kilocycle-per-second region[J]. Acoustical Society of America Journal, 1965, 38(4): 648.

第7章

水面网关节点的水声接入性能分析

7.1 引言

基于上述 ARCCNet 路由协议研究可以看到，当水下节点可以快速将信息传输至水面节点时，尤其是一跳范围内可以直达水面节点的情况下，ARCCNet 中的信息传输具有更高的效率。考虑 ARCCNet 的部署成本，网络大多情况下由多个水下节点和少量水面节点组成。水下节点使用水声链路接入水面网络时，常常面临多个水下节点竞争访问一个水面节点的情况。竞争的过程极易造成数据包碰撞，进而导致信息传输失败。在网络中，MAC 协议通过协调数据包的发送时间，可以减少碰撞的发生，提高网络的传输性能。在 ARCCNet 中，MAC 协议的关键是协调多个水下节点向水面节点的竞争接入。本章在多发一收的星形网络结构下，研究了具有保护间隔的 Slotted ALOHA 协议，并对水声通信网中的时隙多用户随机接入性能进行了分析。

在传输数据包时，常常需要在两个数据包之间添加一段时间间隔，这个时间间隔被称为保护间隔（Guard Time，GT）。GT 可以改善时隙间的干扰，目前已被广泛应用于时隙水声传感器网络（Underwater Acoustic Sensor Network，UASN）的信息传输中。本章使用物理层分析方法，研究了具有保护间隔的时隙水声传感器网络的吞吐量特性。基于节点的位置分布，推导出干扰数据包到达时间的概率分布，进而推导出数据包重叠持续时间的分布。接着推导了信干噪比的概率密度函数、节点间的链路中断概率和归一化吞吐量的表达式。研究结果表明，在适当选择保护间隔长度时，具有保护间隔的 Slotted ALOHA 协议比没有保护间隔的 Slotted ALOHA 协议具有更高的吞吐量。

7.2　网络模型和吞吐量度量

7.2.1　网络和时隙模型

网络模型考虑一个基于时隙的水声传感器网络，其中有 N 个源节点和对应的目的节点随机分布在给定的目标区域。本章的分析基于一个单独的时隙，在一个时隙中有 N 个活跃的发送节点。通过在仿真中改变 N 的值来评估流量负荷对网络性能的影响。假设所有的发送节点都有相同的传输能力，则传输信号和干扰信号有固定的有效传播距离。网络模型如图 7-1 所示，目的节点 D 作为中心，有效传输距离为 R，假设在有效传输距离之外的干扰能力很小，可以忽略不计。在水声通信中，这样的有效传输距离可以是数百米到几十千米。

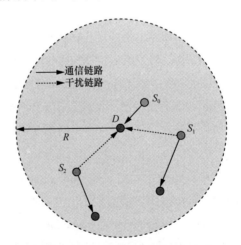

图 7-1　网络模型：通信对 $\{S_0, D\}$ 受到通信范围内并发数据传输的干扰

发送节点使用的 MAC 协议是 ALOHA 协议。当传感器节点有信息传输需求时，先不考虑可能存在的干扰，直接发送数据包。进一步假定发送节点总是在时隙的开始时刻传输数据包。所有的节点都使用同步的时隙，这可以使用水下时间同步协议来实现。考虑在任意一个时隙，节点 S_0 打算将一个数据包传输到目的节点 D。同时，节点 D 也会受到一些并发数据传输的干扰，如图 7-1 中的节点 S_1 和节点 S_2。本章将在如图 7-2 所示的带有保护间隔的时隙结构下，分析 S_0 的数据包交付速率。

由于低速声信号具有位置依赖的传播时延特性，同时发射的干扰信号和期望信号通常不会同时到达接收机，这意味着干扰信号一般会与期望信号部分重叠。文献[1]研究了部分重叠的数据包所引起的干扰，并推导出频率依赖性 SINR 的 PDF 表达式。在文献[1]中，时隙持续时间等于节点发送一个完整数据包所需的时间。图 7-2 中时隙的长度如式（7-1）所示。

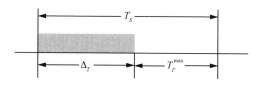

图 7-2　带保护间隔的时隙结构

$$T_S = \Delta_T + T_P^{\max} \tag{7-1}$$

其中，$\Delta_T = L / B$ 表示传输数据包的持续时间，L 和 B 分别是数据包的大小和数据传输速率；$T_P^{\max} = R / c$ 表示最大传播时延，c 表示声波在水中的传播速度，且假设传播速度与网络中的位置无关。式（7-1）中的时隙大小确保在时隙中生成的数据包不会与其他时隙中生成的数据包发生冲突。

7.2.2　信道质量度量

本章将数据包被成功传输的概率作为网络性能的吞吐量度量。采用协议模型和物理模型相结合的方法来衡量信道干扰。考虑 R 的定义，R 同时还表示干扰信号不可被忽略的距离范围。假设以 D 为中心的圆形区域有 N 个有源发射机（在图 7-1 中，$N=3$）。在不失一般性的前提下，让 S_0 表示源节点，并将剩余的 $N-1$ 个节点视为干扰信号源。类似于文献[1]，数据包被成功传输的概率被定义为在接收节点处的 SINR 值高于给定阈值的概率。即如果式（7-2）被满足，则 S_0 发送的数据包可以被成功恢复。

$$\frac{P\,|\,H(W_0,f)|^2}{N(f)+\displaystyle\sum_{i\in \Gamma_1, i\notin \Gamma_2} P_i\,|\,H(W_i,f)|^2} \geqslant \psi \tag{7-2}$$

其中，ψ 表示 SINR 的门限值；$N(f)$ 为载频 f 处的噪声功率；W_i 为第 i 个干扰节点到接收机的距离；$H(W_i,f)$ 为距离为 W_i、频率为 f 时的信道增益；P 为发射功率；P_i 表示干扰报文与期望报文重叠部分的功率，其大小取决于重叠持续时间；Γ_1 和 Γ_2 分别表示会引起干扰的发射机集合和不会引起干扰的发射机集合，Γ_1 和 Γ_2 是相反的事件，即 $\Gamma_1 \bigcup \Gamma_2 = \Omega$，$\Gamma_1 \bigcap \Gamma_2 = \varnothing$，$\Omega = \{1,2,\cdots,N\}$ 表示干扰发射机集合。

本章根据声信号最大传播时延 $T_P^{\max}$ 与数据包传输时长 Δ_T 的关系分两种情况进行讨论，Case 1 为 $T_P^{\max} < \Delta_T$，Case 2 为 $T_P^{\max} \geqslant \Delta_T$。在 Case 1 中，所有干扰节点发送的数据包都将与源节点发送的数据包重叠。此时，$\Gamma_1 = N$，$\Gamma_2 = \varnothing$。在 Case 2 中，并非所有潜在干扰节点发送的数据包都与源节点发送的数据包重叠，此时，$\Gamma_2 \neq \varnothing$。

7.3　Pure ALOHA 与 Slotted ALOHA 的吞吐量对比

文献[2]以发射机为中心，考虑了一个星形网络，对 Pure ALOHA 和 Slotted ALOHA 的吞吐量性能进行了分析。Pure ALOHA 及 Slotted ALOHA 协议如图 7-3 所示。假设所有的节点到接收节点的距离相等（只考虑时间不确定性），并将类似的碰撞场景从接收节点映射到发射节点。节点立即传输收到的数据包。碰撞区间 VI 是关于当前发送节点的一段时间间隔。在此时间间隔内，另一个节点发送数据包将导致当前发送节点发送的数据包被干扰[3]。

假设 T 为数据包被完整发送所需的时间，由图 7-3（a）可知 VI 等于 $2T$。由文献[4]可知，将 T 归一化为单位时间，ALOHA 的吞吐量可以表示为：

$$\mathrm{TH}_{\mathrm{ALOHA}} = Ge^{-2G} \tag{7-3}$$

Slotted ALOHA 只允许在长度为 T 的同步时隙的开始处传输。如图 7-3（b）所示，这种同步确保只有到达时隙 0 的干扰数据包才会导致冲突。通过防止任意的交叉时隙重叠，可以将 VI 从 $2T$ 降低到 T。因此 Slotted ALOHA 的吞吐量增加为[5]：

$$TH_{slotted\ ALOHA} = Ge^{-G} \tag{7-4}$$

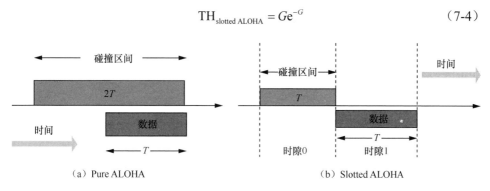

（a）Pure ALOHA　　　　　　　　　（b）Slotted ALOHA

图 7-3　Pure ALOHA 及 Slotted ALOHA 协议

两种方案的吞吐量分析结果[6]如图 7-4 所示，这是早期的研究结果。当负载 G 为 1 包/传输时隙时，Slotted ΛLOHΛ 的最大归一化吞吐量为 36.8%，而 Pure ALOHA 在 0.5 包/传输时隙时的最大归一化吞吐量为 18.4%。这种分析是与发送节点的发送时间相关的。分析中假设接收节点与所有发送节点的距离相等，即只考虑时间不确定性而忽略空间不确定性。

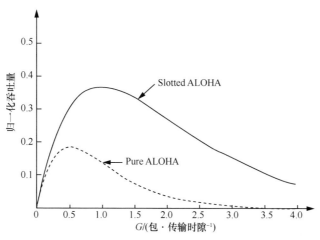

图 7-4　两种方案的吞吐量分析结果[6]

当考虑空间不确定性时，使用 Slotted ALOHA 将不会比 Pure ALOHA 带来更多的收益。文献[5]中的仿真结果表明，为 Slotted ALOHA 添加保护间隔，可以提升时空不确定情况下网络的吞吐量性能。针对带保护间隔的 Slotted ALOHA，本章使用物理层方法研究分析了其在水声传感器网络中的吞吐量特性。

7.4 包重叠的分布

本节推导出了干扰数据包和目标数据包之间重叠持续时间的表达式和概率密度函数。

7.4.1 重叠持续的时间表达式

图 7-5 说明了位置相关性引起的传播时延导致部分数据包重叠。令 TS_i 为节点 i 开始数据包传输的确切时间，且 $PD_i = TS_0$ 表示传播时延。对于源节点 S_0 的数据包，分别使用 t_1 和 t_2 表示数据包到达接收节点和接收完成的确切时间。由此得到式（7-5）。

$$t_1 = TS_0 + PD_0, t_2 = TS_0 + PD_0 + \Delta_T \tag{7-5}$$

类似地，对于来自干扰节点 S_i 的数据包，令 t_3 和 t_4 分别表示干扰数据包到达接收节点和接收完成的确切时间，得到式（7-6）。

$$t_3 = TS_i + PD_i, t_4 = TS_i + PD_i + \Delta_T \tag{7-6}$$

设 t_c 为期望数据包与干扰数据包的重叠持续时间。如图 7-5(a)所示，当 $W_0 > W_i$ 时，有 $t_c = T_4 - T_1$。如图 7-5（b）所示，当 $W_0 < W_i$ 时，可得 $t_c = T_2 - T_3$，即：

$$t_c = (T_4 - T_1) \| t_c = (T_2 - T_3) \tag{7-7}$$

其中，‖是逻辑或运算。将式（7-5）和式（7-6）代入式（7-7），可得：

$$t_c = TS_i - TS_0 + \Delta_T - (PD_0 - PD_i) \| t_c = TS_0 - TS_i + \Delta_T - (PD_i - PD_0) \tag{7-8}$$

考虑同步传输，即 $TS_i = TS_0$。式（7-8）可以改写为：

$$t_c = \Delta_T - (\mathrm{PD}_0 - \mathrm{PD}_i) = \Delta_T - \frac{|W_0 - W_i|}{c} = \Delta_T - \frac{\Delta_w}{c} \tag{7-9}$$

其中，c 表示声速，$\Delta_w = |W_0 - W_i|$。特别地，当 $\Delta_w \geqslant c \cdot \Delta_T$ 时，有 $t_c = 0$，如图 7-5（b）所示。因此，t_c 的表达式可以改写为：

$$t_c = \max\left\{\Delta_T - \frac{\Delta_w}{c}, 0\right\} \tag{7-10}$$

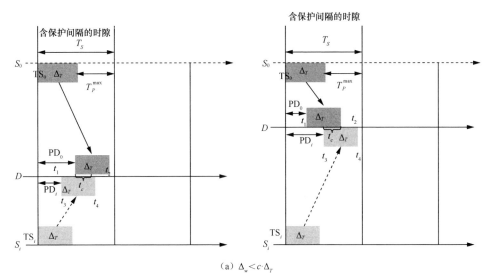

（a）$\Delta_w < c \cdot \Delta_T$

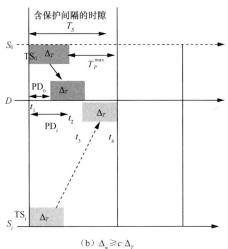

（b）$\Delta_w \geqslant c \cdot \Delta_T$

图 7-5 位置相关性引起的传播时延导致部分数据包重叠

7.4.2　重叠持续时间的概率密度函数

由于源节点均匀分布在半径为 R 的圆形区域内，因此 W_0 和 W_i 都是随机变量，表示对应节点到圆心的距离。W_0 和 W_i 的概率密度函数分别表示为 $f_{W_0}(w_0)$ 和 $f_{W_i}(w_i)$，可以很容易地推导出式（7-11）。

$$f_{W_0}(w_0) = \frac{2w_0}{R^2}, f_{W_i}(w_i) = \frac{2w_i}{R^2}, 0 \leqslant w_0, w_i \leqslant R \qquad (7-11)$$

为了推导出 t_c 的概率密度函数，首先要确定 Δ_w 的概率密度函数。设 $F_{\Delta_w}(\delta_w)$ 为 Δ_w 的累积分布函数（Cumulative Distribution Function，CDF）。结合式（7-11），可得：

$$F_{\Delta_w}(\delta_w) = \Pr(|W_0 - W_i| \leqslant \delta_w) = \iint_C f_{W_0}(w_0) f_{W_i}(w_i) \mathrm{d}w_i \mathrm{d}w_0 \qquad (7-12)$$

其中，C 表示积分域，如图 7-6 阴影部分所示。这是区域 $|W_0 - W_i| \leqslant \delta_w$ 和正方形区域 $R \times R$ 的交集。

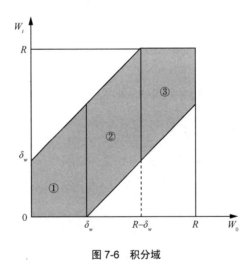

图 7-6　积分域

根据图 7-6 中的积分域，式（7-12）可以改写为：

$$F_{\Delta_w}(\delta_w) = \int_0^{\delta_w}\left(\int_0^{w_0+\delta_w} f_{W_i}(w_i)\mathrm{d}w_i\right)f_{W_0}(w_0)\mathrm{d}w_0 +$$

$$\int_{\delta_w}^{R-\delta_w}\left(\int_{w_0-\delta_w}^{w_0+\delta_w} f_{W_i}(w_i)\mathrm{d}w_i\right)f_{W_0}(w_0)\mathrm{d}w_0 +$$

$$\int_{R-\delta_w}^{R}\left(\int_{w_0-\delta_w}^{R} f_{W_i}(w_i)\mathrm{d}w_i\right)f_{W_0}(w_0)\mathrm{d}w_0 =$$

$$\frac{\delta_w(8R^3-6R^2\delta_w+\delta_w^3)}{3R^4}, 0\leqslant\delta_w\leqslant R \tag{7-13}$$

对 $F_{\Delta_w}(\delta_w)$ 推导得到 Δ_w 的概率密度函数。

$$f_{\Delta_w}(\delta_w) = \frac{4(R-\delta_w)^2(2R+\delta_w)}{3R^4}, 0\leqslant\delta_w\leqslant R \tag{7-14}$$

根据式（7-10），可以讨论两种不同情况下包重叠的分布。

（1）Case 1：$T_P^{\max} < \Delta_T$

此时，任何干扰报文都会造成报文重叠，因此 $t_c = \Delta_T - \dfrac{\Delta_w}{c}$，更准确地说，即 $\Delta_T - \dfrac{\Delta_w}{c}\leqslant t_c\leqslant\Delta_T$。用 $f_{t_c}(x)$ 表示 t_c 的概率密度函数。由式（7-14）和随机变量变换式可得：

$$f_{t_c}(x) = \begin{cases} \dfrac{4c(R-c(\Delta_T-x))^2(2R+c(\Delta_T-x))}{3R^4}, \Delta_T-\dfrac{R}{c}\leqslant x\leqslant\Delta_T \\ 0, 其他 \end{cases} \tag{7-15}$$

（2）Case 2：$T_P^{\max}\geqslant\Delta_T$

在这种情况下，干扰数据包可能不会与所需数据包重叠。如图 7-5（b）所示，干扰节点只有在距离接收端较远时才会造成包重叠。W_i 需要满足 $|W_0-W_i|\leqslant c\cdot\Delta_T$。设 p 为节点引起包重叠的概率。由图 7-5 可知，$p = \Pr\{|W_0-W_i|\leqslant c\cdot\Delta_T\}$。由式（7-13）可以方便地推导出：

$$p = \frac{c\Delta_T(8R^3-6R^2c\Delta_T+(c\Delta_T)^3)}{3R^4} \tag{7-16}$$

本章只关注存在有效包重叠时包重叠的分布。设 $f_{t_c|p}(y)$ 为存在有效包重叠时 t_c

的概率密度函数，$f_{t_c|p}(y)$ 可表示为：

$$f_{t_c|p}(y) = \frac{4(R - c(\Delta_T - y))^2(2R + c(\Delta_T - y))}{\Delta_T(8R^3 - 6R^2c\Delta_T + (c\Delta_T)^3)}, 0 < y \leqslant \Delta_T \qquad (7\text{-}17)$$

式（7-15）、式（7-17）中推导出的包重叠概率密度函数与文献[1]中导出的包重叠概率密度函数不同，文献[1]中直接假设包重叠服从均匀分布，与式（7-17）有很大的不同。

7.5 吞吐量分析

基于以上对包重叠的分析，本节将推导出成功传输概率的表达式。推导过程类似于文献[1]的方法。首先得到干扰的矩母函数（Moment Generating Function，MGF），然后得到成功传输概率的表达式，最后得到归一化吞吐量。

7.5.1 矩母函数

首先假设只有一个干扰节点。接收节点处干扰信号的功率为 I_1。I_1 可表示为：

$$I_1 = P_i \,|\, H(W_i, f)|^2 \qquad (7\text{-}18)$$

由于数据包是部分重叠的，干扰信号的功率在目标数据包内是不相等的。假设应用了一些交织技术，使目标数据包的干扰功率均匀，P_i 可以利用 $P_i = P \cdot \dfrac{t_c}{\Delta_T}$ 计算[1]。

进一步假设 $|H(W_i, f)|^2$ 服从均值为 $W_i^{-\alpha}\alpha(f)^{-W_i}$ 的指数分布[6]，其中 $\alpha(f)$ 和 α 分别表示吸收系数和扩散系数。让 $M_{I_1}(s)$ 表示 I_1 的矩母函数，有：

$$\begin{aligned} M_{I_1}(s) &= \mathbb{E}\big[\exp(sI_1)\big] = \\ &\mathbb{E}\big[\exp(sP_i\,|\,H(W_i, f)|^2)\big]\underline{\underline{(a)}} \\ &\mathbb{E}\left[\frac{W_i^{\alpha}\alpha(f)^{W_i}/P_i}{W_i^{\alpha}\alpha(f)^{W_i}/P_i - s}\right] \end{aligned} \qquad (7\text{-}19)$$

其中，$\mathbb{E}[\cdot]$ 表示数学期望运算，上述推导关键步骤（a）的有效性源于指数分布的 MGF[7]。进一步考虑有 k 个干扰节点，设 I_k 为 k 个干扰信号的功率，可得：

$$M_{I_1}(s) = \mathbb{E}\left[\exp\left(s\sum_{i=1}^{k}I_i\right)\right] = \mathbb{E}\left[\prod_{i=1}^{k}\exp(sP_i\,|\,H(W_i,f)|^2)\right] = (M_{I_1}(S))^k \qquad (7\text{-}20)$$

7.5.2　数据包传播时延小于传输时长时的成功传输概率

在 Case 1 中，由于 $P_i = P \cdot \dfrac{t_c}{\Delta_T}$ ，结合式（7-11）中 W_i 的概率密度函数、式（7-15）中 t_c 的概率密度函数，式（7-19）可以重写为：

$$M_{I_1}(s) = \int_0^R \int_{\Delta_T - \frac{R}{c}}^{\Delta_T} \frac{\Delta T w_i^{\alpha}\alpha(f)^{w_i}/(xP)}{\Delta T w_i^{\alpha}\alpha(f)^{w_i}/(xP) - s} f_{t_c}(x) f_{W_i}(w_i)\mathrm{d}x\mathrm{d}w_i \qquad (7\text{-}21)$$

在 Case 1 中，干扰节点数量为 $N-1$。因此，干扰总和的概率密度函数可以表示为：

$$M_{I_{N-1}}(s) = (M_{I_1}(s))^{N-1} \qquad (7\text{-}22)$$

用 $\mathbb{P}_S^*(\psi\,|\,w_0)$ 表示以 w_0 为条件的传输成功概率。由式（7-2）中信干噪比的表达式，可得：

$$
\begin{aligned}
&\mathbb{P}_S^*(\psi\,|\,w_0) = \\
&\Pr\left(\frac{P\,|\,H(w_0,f)|^2}{N(f)+I_{N-1}} \geqslant \psi\right) \overset{(b)}{=} \\
&\exp\left(\frac{-\psi\lambda(w_0,f)}{\gamma(f)}\right)M_{I_{N-1}}\left(-\frac{\lambda(w_0,f)\psi}{P}\right)
\end{aligned}
\qquad (7\text{-}23)
$$

$I_{N-1} = \sum\limits_{i\in N}P_i\big|H(w_i,f)\big|^2$ ，$\lambda(w_0,f) = w_0^{\alpha}\alpha(f)^{w_0}$ ，$\gamma(f) = P/N(f)$。上述推导关键步骤（b）可通过文献[1]中的方法得到。通过式（7-11）中 W_0 的概率密度函数，可以得到：

$$\mathbb{P}_S^*(\psi) = \mathbb{E}\left[\mathbb{P}_S^*(\psi \mid w_0)\right] = \int_0^R \mathbb{P}_S^*(\psi \mid w_0) f_{W_0}(w_0) \mathrm{d}w_0 \tag{7-24}$$

7.5.3 数据包传播时延大于传输时长时的成功传输概率

首先考虑至少有一个干扰节点，即 $\Gamma_1 \neq \varnothing$ 的情况。假设所有干扰节点具有相同的流量模型，服从相同的位置分布。任意一个节点引起干扰的概率 p 都是相同的，即干扰节点的数量服从二项分布。因此，有 k 个（不超过 $N-1$ 个）干扰节点的概率为：

$$\mathbb{P}(k \mid N-1) = \binom{N-1}{k} p^k (1-p)^{N-1-k} \tag{7-25}$$

在全概率定律的基础上，得到了总干扰的矩母函数：

$$M_{I_{\Gamma_1}}(s) = \sum_{k=1}^{N-1} \mathbb{P}(k \mid N-1) M_{I_k}(s) = \\ (1 - p + pM_{I_1}(s))^{N-1} - (1-P)^{N-1} \tag{7-26}$$

需要注意的是，当用式（7-26）计算 $M_{I_1}(s)$ 时，式（7-17）中 $f_{t_c \mid p}(y)$ 的相应概率密度函数需要被代入式（7-21）中。接下来，考虑没有干扰节点的情况，即 $\Gamma_1 = \varnothing$。当干扰节点的数量等于 0 时，干扰的矩母函数为：

$$M_{I_{\Gamma_1}}(s) = 1 \tag{7-27}$$

根据式（7-2）中的 SINR 表达式，可计算式（7-23）中定义的条件成功传输概率为：

$$\mathbb{P}_S^*(\psi \mid w_0) = \Pr\left(\frac{P \mid H(w_0, f)\mid}{N(f) + I_{\Gamma_1}} \geqslant \psi, \Gamma_1 \neq \varnothing\right) + \\ \Pr\left(\frac{P \mid H(w_0, f)\mid}{N(f)} \geqslant \psi, \Gamma_1 = \varnothing\right) \tag{7-28}$$

其中，$I_{\Gamma_1} = \sum_{i \in \Gamma_1} P_i \left| H(W_i, f)\right|^2$。根据全概率公式，式（7-28）可改写为：

$$\mathbb{P}_S^*(\psi \mid w_0) =$$

$$\Pr\left(\frac{P \mid H(w_0, f)\mid}{N(f) + I_{\Gamma_1}} \geqslant \psi, \Gamma_1 \neq \varnothing\right) \Pr(\Gamma_1 = \varnothing) +$$

$$\Pr\left(\frac{P \mid H(w_0, f)\mid}{N(f)} \geqslant \psi, \Gamma_1 = \varnothing\right) \Pr(\Gamma_1 \neq \varnothing) \overset{(c)}{=}$$

$$\exp\left(\frac{-\psi\lambda(w_0, f)}{\gamma(f)}\right)(1-p)^{N-1} + \qquad (7\text{-}29)$$

$$\exp\left(\frac{-\psi\lambda(w_0, f)}{\gamma(f)}\right)(1-(1-p)^{N-1}) \cdot$$

$$\left(\left(1 - p + pM_{I_1}\left(-\frac{\psi\lambda(w_0, f)}{P}\right)\right)^{N-1} - (1-p)^{N-1}\right)$$

将对应的矩母函数式（7-26）和式（7-27）代入式（7-28）即可得到步骤（c）。通过式（7-29）求期望，即可得到 $\mathbb{P}_s^*(\psi)$。

7.5.4　归一化吞吐量

注意，$\mathbb{P}_s^*(\psi)$ 不考虑时隙的长度。为了更准确地测量吞吐量，用 Thr 表示归一化吞吐量，它被定义为每个归一化传输时间单位成功数据包的平均数量，如式（7-30）所示。

$$\mathrm{Thr} = \frac{\mathbb{P}_S^*(\psi)\Delta_T}{T_S} \qquad (7\text{-}30)$$

对于不同的 R 值，应该使用 Case 1 或 Case 2 中对应的表达式来计算 $\mathbb{P}_s^*(\psi)$。

7.6　仿真验证与性能比较

本节通过数值结果验证分析了网络的吞吐量，并将其与没有保护间隔的结果进行了比较。特别设 $\Gamma_1 = N$、$\Gamma_2 = \varnothing$、$P_i = P$ 得到无保护间隔的结果。除特别说明外，模拟参数为 $\alpha = 1.5$、$c = 1.5\mathrm{km/s}$、$f = 10\mathrm{kHz}$、$\gamma(f) = 100\mathrm{dB}$、$\psi = 10\mathrm{dB}$、$L = 1\mathrm{kbit/s}$ 和 $B = 1\mathrm{kbit/s}$。

不同发送节点数量下有效通信距离和归一化吞吐量的关系如图 7-7 所示。在每个仿真场景中，分别生成 100 个网络拓扑，并为每个拓扑运行 10^4 个时隙。然后根据这些结果计算出仿真吞吐量。当 $1 \leqslant R < 1.5$、$T_P^{\max} \leqslant \Delta_T$ 时，理论计算吞吐量应以 Case 1 为基准；当 $1.5 \leqslant R \leqslant 7$、$T_P^{\max} \geqslant \Delta_T$ 时，理论计算吞吐量应基于 Case 2。从图 7-7 可以看出，仿真结果与理论结果基本吻合。

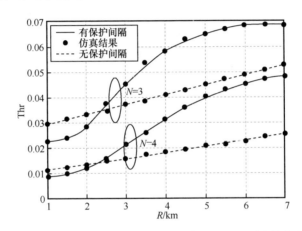

图 7-7　不同发送节点数量下有效通信距离和归一化吞吐量的关系

对于没有保护间隔的方案，可以观察到吞吐量随着 R 的增加而增加，这是因为在仿真中，假设发送节点均匀分布在有效范围内。增大 R 会增大平均通信距离。由于部分包重叠，干扰功率对信号衰减更敏感，从而导致较低的接收功率和干扰功率，这些因素进一步导致较高的 SINR。对于有保护间隔的时隙结构，R 的影响有两方面。一方面，R 越大，保护间隔越长，从而减少干扰；另一方面，R 越大，等待时间越长，传输速率越低。可以看出，对于较小的 R，无保护间隔的方案具有更好的性能。这是因为在这种情况下，保护间隔降低了传输速率，但不能提高 SINR 水平。在超过一个阈值后，具有保护间隔的方案性能随 R 的增加而显著增加。

接下来研究了信干噪比阈值的影响。两种典型的吞吐量门限值下有效通信距离与归一化吞吐量的关系如图 7-8 所示，其中 $N=3$。不同发送节点数量下信干噪比与归一化吞吐量的关系如图 7-9 所示，其中 $R=5km$。需要注意的是，系统吞吐量主要受到同时传输引起的相互干扰的影响。可以观察到，对于容忍干扰的系统（即 SINR 阈值较低的系统），基于保护间隔的方案并不总是能带来吞吐量的提高。

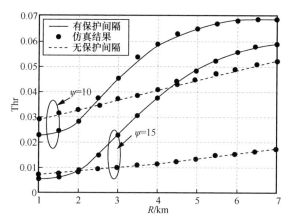

图 7-8　两种典型的吞吐量门限值下有效通信距离与归一化吞吐量的关系

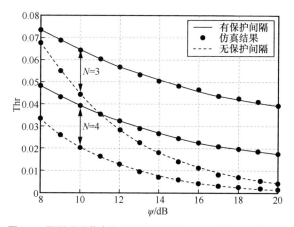

图 7-9　不同发送节点数量下信干噪比与归一化吞吐量的关系

　　添加保护间隔是一个平衡节点间干扰和数据传输速率的方法，这种方法简单而有效。特别是对于主要受干扰影响的系统，增加保护间隔可以有效地降低干扰。在这种情况下，虽然数据发送速率降低，但数据包投递概率增加，从而总体吞吐量会增加。然而,对于受噪声而非干扰影响的系统(如在有效范围内只有一个发送节点),在这种情况下增加保护间隔不会提高系统吞吐量是显而易见的。

7.7　本章小结

本章研究了带保护间隔的 Slotted ALOHA 协议的性能。利用干扰球模型描述信道干扰,首先推导了位置依赖的传播时延导致的部分数据包重叠时间的概率分布。然后推导出信干噪比的概率分布,并在此基础上推导出数据包传输概率,即信干噪比高于给定阈值的概率。仿真结果验证了理论分析的正确性。结果表明,在数据流量较大的网络下,在一定的保护间隔范围内,具有保护间隔的时隙网络相比于无保护间隔的时隙网络具有更高的吞吐量。研究结果有助于提高 UASN 和 ARCCNet 中节点的部署效率。未来,本团队将在物理干扰模型下,进一步讨论不同数据包到达速率、数据包排队时间和跨时隙干扰对吞吐量的影响,从而制定更有效的 MAC 策略。

参考文献

[1] LU S T, WANG Z D, WANG Z H, et al. Throughput of underwater wireless ad hoc networks with random access: a physical layer perspective[J]. IEEE Transactions on Wireless Communications, 2015, 14(11): 6257-6268.

[2] SYED A A, YE W, HEIDEMANN J, et al. Understanding spatio-temporal uncertainty in medium access with ALOHA protocols[C]//Proceedings of the 2nd Workshop on Underwater Networks. New York: ACM Press, 2007: 41-48.

[3] KLEINROCK L, TOBAGI F. Packet switching in radio channels: part I - carrier sense multiple-access modes and their throughput-delay characteristics[J]. IEEE Transactions on Communications, 1975, 23(12): 1400-1416.

[4] BERTSEKAS D, GALLAGER R. Data networks[M]. Nashua: Athena Scientific, 2021.

[5] SYED A A, YE W, HEIDEMANN J, et al. Understanding spatio-temporal uncertainty in medium access with ALOHA protocols[C]//Proceedings of the 2nd Workshop on Underwater Networks. New York: ACM Press, 2007: 41-48

[6] POLPRASERT C, RITCEY J A, STOJANOVIC M. Capacity of OFDM systems over fading underwater acoustic channels[J]. IEEE Journal of Oceanic Engineering, 2011, 36(4): 514-524.

[7] BALAKRISHNAN N, BASU A P. Exponential distribution: theory, methods and applications[M]. Amsterdam: Gordon and Breach Publishers, 1996.

第8章

主要结论及后续研究展望

ARCCNet 融合了声通信和电磁波通信技术，是一种综合性的跨域异构信息传输网络架构。在海洋环境中，声通信由于其长距离传播能力，常用于水下通信；而电磁波通信则因其高速率和高带宽的特点，适用于水面或空中通信。本书根据声电混合链路网络的特点，对 ARCCNet 的网络架构和组网协议进行了研究，提出了一系列适用于 ARCCNet 的组网协议，并对水声 MAC 协议中的多用户随机接入问题进行了分析讨论。总体而言，声电协同通信网络的技术特点、研究意义及实用价值主要体现在以下几个方面。

（1）声电协同通信网络充分挖掘混合链路网络中水声和无线电链路巨大的性能差异，通过水声链路和无线电链路的协作，以无线电链路多余的资源来替换水声链路的资源，克服性能失配，是提高海洋信息传输网络性能的一个新思路。声电协同提升海洋信息传输网络性能的原理就如图 8-1 所示的新木桶理论[1-2]。直立的木桶容量由最短的木板决定，但如果以适当的角度倾斜，不需要改变木板的物理局限也可显著提升木桶容量。水声链路是海洋信息传输网络的短板，声电协同可类比于木桶的倾斜。在无法大幅度提高水声链路性能（即提升短板）的情况下，声电协同是一种提高网络容量的有效解决方案。而其具体的实现过程可理解为无线电链路资源与水声链路资源的置换，即以增加无线电链路传输数据量为代价来尽可能降低水声链路的数据量。

容量增加

图 8-1   声电协同通信网络性能提升的直观解释：新木桶理论[1-2]

（2）声电协同通信网络相关研究的开展将有助于提升海洋信息网络的能力和技术水平。首先，将增强海洋信息网络的数据传输能力。声电协同通信网络结合了声波通信的穿透力和电磁波通信的高速率，能够有效提高数据传输的速率和容量。这对于海洋科学研究、军事通信等领域的大数据传输尤为重要。其次，将进一步提升海洋信息网络的传输可靠性，声电协同通信网络通过结合声波通信和电磁波通信的优势，能够在不同的海洋环境中提供更加稳定和可靠的通信服务。在水下环境中，声波通信成为主要手段。在水面上，则可以切换到电磁波通信，从而实现全方位、无缝的信息传输。最后，将进一步扩大海洋信息网络的通信覆盖范围。声电协同通信网络能够利用声波在水中传播距离远的特点，实现远距离的水下通信；同时，利用电磁波在水面上的传播能力，实现广域的覆盖。这种覆盖范围的双重优势使得声电协同通信网络在海洋监测、资源勘探等领域具有广阔的应用前景。总体而言，声电协同通信网络的发展推动了声波和电磁波通信技术的融合与创新，促进了海洋信息技术领域的进步。这对于海洋科技的发展具有重要的推动作用。

（3）声电协同通信网络将助力"建设海洋强国"及"发展海洋经济"国家战略。首先，在促进海洋资源开发方面，声电协同通信网络为海洋资源开发提供了强有力的通信支持。在水下油气勘探、海底矿产开发等活动中，声电协同通信网络可以实时传输关键数据，提高作业效率和安全性。在加强海洋安全保障方面，声电协同通信网络在海洋安全领域具有重要作用，如海上搜救、海洋环境监测、防灾减灾等。通过实时传输海洋状态信息，声电协同通信网络能够为决策者提供准确的数据支持，增强应对突发事件的能力。在支持国防建设方面，声电协同通信网络在国防领域具有不可替代的作用，它不仅能够提高军事通信的隐蔽性和抗干扰能力，还能增强水下作战和侦察的能力，对于维护国家安全具有重要意义。

综上所述，声电协同通信网络通过整合声波和电磁波通信的优势，为海洋活动提供了高效、可靠的信息传输服务，对于海洋科学研究、资源开发、安全保障等多个领域都具有重要的作用和深远的意义。随着应用的深入，声电协同通信网络将在满足高效的网络通信需求中发挥更加重要的作用。

声电协同通信网络的研究涉及水下声波通信和空中电磁波通信的集成与协同工作，目前尚面临的一些有待解决的技术难题，主要包括如下 3 个方面。

（1）适用于海洋环境的轻量级网络协议架构。海洋信息传输网络主要由水下传感器、移动 AUV、水面船只、浮标、波浪滑翔器、水上卫星、无人机等组网节点组成，包含多种水声链路和无线电链路，具备异构的、动态的端到端数据传输路径。面对这样复杂的海洋信息传输网络，应该思考更加有效的协议架构来组织和管理，而不是直接应用传统的 TCP/IP 分层协议架构。目前已经存在很多针对互联网架构反向工程的优化理论。在优化理论框架下，网络设计被看作一个网络效用最大化问题。协议分层则对应于网络效用最大化问题分解后的子问题。不同分层协议的本地迭代实现子问题的优化，同时实现全局的优化目标。这样，协议分层被看作网络效用全局优化问题的异步、分布式计算解决方案。网络效用最大化理论可以帮助理解和设计声电协同海洋信息传输网络架构[3]。特别地，网络架构设计需要考虑声、电资源的有限性和可交换性。在声电协作框架下，网络的分层和协议设计需要考虑哪些声电资源可以置换、如何置换及置换多少资源。网络效用最大化理论有助于实现最优声电资源置换。

（2）声电协同通信网络完整协议栈。本书主要考察网络层和接入层，传输层的协议还有待研究。在传输层，声电协同通信网络需要新的拥塞控制和可靠控制机制。无线电链路和水声链路差异较大，特别是水声链路，其带宽更小、时延更高。端到端的信息反馈本身就占用网络带宽资源，还会加剧信道的竞争，降低带宽利用率。为提高网络性能，需要压缩反馈，甚至取消反馈机制。这又产生了新问题，即造成了端到端拥塞控制和可靠控制失效。造成这种问题的根源是拥塞控制和可靠控制高度耦合，且均依赖于端到端反馈的有效性和准确性。为应对这个问题，声电协同通信网络首先应当解耦拥塞控制和可靠控制。另外，较大的往返时间（Round-Trip Time，RTT），无论对于端到端的拥塞控制还是可靠控制，都是极大的挑战。声电协同通信网络需要摒弃传统网络依赖端到端反馈的可靠控制和拥塞控制方法，采用逐跳或者逐域的控制方法，对无线电子网络和水声子网络分别采用不同的控制方法。

（3）声电协同通信网络的应用还存在诸多环境约束，主要包括如下方面。①时延和同步问题，声波在水下的传播速度远低于电磁波在空气中的传播速度，这导致声电协同通信网络中存在较高的传播时延。如何实现声波和电磁波通信之间的精确同步是一个技术挑战。②能量效率问题，水下声波通信设备通常依赖于有限的电池能量，而声波信号的传播损耗较大，这要求通信设备具有高能量效率。如何设计节能的声波通信设备和协议是一个重要的挑战。在相同的传输距离之下，定向传输技术的发射功率远低于全向传输技术所需的发射功率。在声电协同通信网络中使用定向水声传输技术能节约水下节点的能量，对于延长网络生命周期、提升网络信息传输效率具有重要意义，是未来一个值得研究的方向。③无线环境的干扰问题，海洋环境中的多径效应、噪声干扰、水流动态等因素都会影响声波通信的质量。提高声波通信的抗干扰能力和误码率性能是技术上的一个挑战。在声电协同通信网络的实际部署中，常常面临多个水下节点通过水声链路竞争接入一个浮标节点的问题。而网络中的信息传输失败往往是目的信号与干扰信号发生碰撞导致的。在传统水声通信网中，水下节点的能量和算力有限，难以处理碰撞信号的恢复问题。而在声电协同通信网络中，浮标节点补充能量较为方便，信息传输和信息处理能力也更加强大。利用高性能的浮标节点结合编码技术，可以恢复在浮标节点处发生碰撞的水声信号。这将极大地提升网络中信息的传输效率，是声电协同通信网络中十分具有前景的研究方向。④设备小型化和可靠性问题，水下设备的小型化和可靠性是声电协同网技术发展的关键。这要求研发出能够在恶劣的海洋环境中长期稳定工作的小型化、高可靠性设备。

这些技术难题需要通过跨学科的研究和创新来逐步解决，包括声学、信号处理、通信工程、材料科学等多个领域的知识和技术。随着技术的不断进步，声电协同通信网络有望在未来得到更广泛的应用。总之，万物互联向水下是信息网络的发展趋势。针对海洋信息传输网络的应用和技术挑战，本书提出了声电协同的技术框架，克服了水声链路对网络性能提升的限制，还深入讨论了声电协同海洋信息传输网络的架构和协议。未来，海洋信息传输网络将进一步与陆上网络互联互通，接入互联网。随着海洋开发的发展，陆上信息网络向水下延伸是必然趋势，将形成空、天、地、海、潜一体化的万物互联未来网络架构。

参考文献

[1]　GORBAN A N, POKIDYSHEVA L I, SMIRNOVA E V, et al. Law of the minimum paradox-es[J]. Bulletin of Mathematical Biology, 2011, 73(9): 2013-2044.

[2]　官权升, 陈伟琦, 余华, 等. 声电协同海洋信息传输网络[J]. 电信科学, 2018, 34(6): 20-28.

[3]　CHIANG M, LOW S H, CALDERBANK A R, et al. Layering as optimization decomposition: a mathematical theory of network architectures[J]. Proceedings of the IEEE, 2007, 95(1): 255-312.

名词索引